U0464477

配网不停电作业一线员工作业一本通

典型直伸臂式绝缘斗臂车

检查维护及常见故障处理

国网浙江省电力有限公司 组 编
李 晋 周 兴 主 编
高旭启 施震华 赵鲁冰 陈 浩 副主编

内容提要

本书主要介绍配网不停电作业中的两种主要设备典型直伸臂式绝缘斗臂车和典型混合臂式绝缘斗臂车的检查维护及常见故障处理，围绕日常维护、应急操作、安全防护三个方面，通过大量图片，对设备维护及故障处理的全流程进行了讲解和演示，对生产实践具有很强的指导性。本分册为典型直伸臂式绝缘斗臂车检查维护及常见故障处理分册。

本书可供配网不停电作业基层管理者和一线员工培训及学习使用。

图书在版编目（CIP）数据

配网不停电作业一线员工作业一本通. 1，典型直伸臂式绝缘斗臂车检查维护及常见故障处理 / 国网浙江省电力有限公司组编；李晋，周兴主编. —北京：中国电力出版社，2023.6

ISBN 978-7-5198-7657-9

Ⅰ. ①配…　Ⅱ. ①国…②李…③周…　Ⅲ. ①配电系统－带电作业－技术培训－教材　Ⅳ. ①TM727

中国国家版本馆CIP数据核字（2023）第045411号

出版发行：中国电力出版社
地　　址：北京市东城区北京站西街19号（邮政编码100005）
网　　址：http://www.cepp.sgcc.com.cn
责任编辑：穆智勇
责任校对：黄　蓓　马　宁
装帧设计：张俊霞
责任印制：石　雷

印　　刷：三河市航远印刷有限公司
版　　次：2023年6月第一版
印　　次：2023年6月北京第一次印刷
开　　本：787毫米×1092毫米　横32开本
印　　张：12.75
字　　数：313千字
定　　价：68.00元（全二册）

版权专有　侵权必究

本书如有印装质量问题，我社营销中心负责退换

《配网不停电作业一线员工作业一本通》

编 委 会

主　任　徐定凯

副主任　钱　江　陈　鹏

委　员　高旭启　平　原　李　晋　杨晓翔　周　兴　施震华　赵鲁冰　陈　浩

编 写 组

主　编　李　晋　周　兴

副主编　高旭启　施震华　赵鲁冰　陈　浩

成　员（以姓氏笔画为序）王　坚　孔仪潇　叶国洪　叶　盛　孙　伟　汤剑伟　汤永根　朱训林　刘文灿　刘小元　吴　刚　陈晓江　邱灵君　严程峰　沈　靖　张　瑞　杨群华　周　浩　周连水　周利生　周明杰　胡建龙　胡夏炼　胡　伟　钟全辉　赵嫣然　赵家婧　钱　栋　唐　磊　秦　政　章锦松　潘宏伟

前　言

为了不断提升配网供电可靠性，减少停电检修给用户带来的影响，配网不停电作业已逐渐成为配网的主要检修方式。目前，配网不停电作业以绝缘斗臂车作为主要的绝缘工具，绝缘斗臂车的规范使用直接影响着作业的安全性与可靠性。

为进一步提升配网不停电作业一线员工对绝缘斗臂车性能的熟悉与安全使用知识的掌握，国网浙江省电力有限公司培训中心组织编写了《配网不停电作业一线员工作业一本通》，作为一线员工的培训教材。

在编写过程中，编写组按照绝缘斗臂车维护基本流程，在保证各环节满足规范要求的基础上，形成本书的文字内容。并根据文本内容，请一线专家实际演示，自编、自导、自演拍摄了大量的图片，对车辆维护及应急操作、安全防护进行了预控说明和规范演示，对绝缘斗臂车的操作起到规范作用。

本书分为《典型直伸臂式绝缘斗臂车检查维护及常见故障处理》《典型混合臂式绝缘斗臂车检查维护及常见故障处理》两个分册，着重围绕绝缘斗臂车的日常维护、应急操作、安全防护等内容，对绝缘斗臂车日常检查安全操作进行了规范和演示，对生产实践具有很强的实用性。

本书的编写得到了杨晓翔、胡建龙、吴刚、王坚、叶国洪、胡夏炼、汤剑伟、汤永根等专家的大力支持，在此谨向参与本书编写、研讨、审稿、业务指导的各位领导、专家和有关单位致以诚挚的感谢！

由于编者水平所限，疏漏之处在所难免，恳请各位领导、专家和读者提出宝贵意见！

本书编写组

2023年3月

目　录

绝缘斗臂车概况

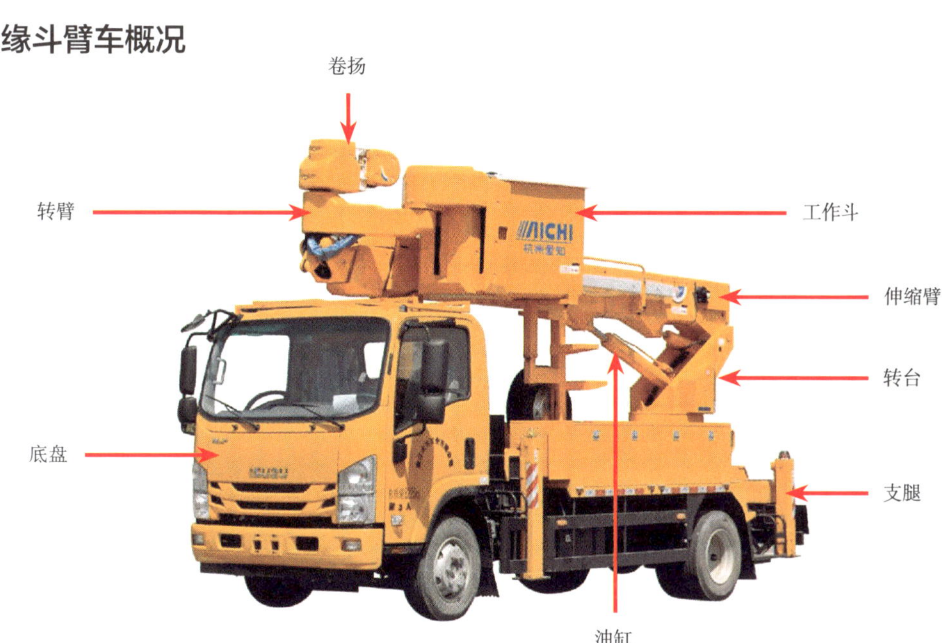

绝缘斗臂车部件图示

绝缘斗臂车规格

规格1

型式及名称		SN15B型高空作业车	GN19QL型高空作业车
带电作业装置	泄漏电流 （第3节工作臂伸出1.5m时，工作斗内衬与大地之间）	0.5mA以下（70kV/1min） 整车耐电压（试验电压）105kV/1min不击穿	0.5mA以下（70kV/1min） 整车耐电压（试验电压）105kV/1min不击穿
	使用电路等级	35kV	35kV
工作斗	载重量或搭乘额定人数	200kg或2名	200kg或2名
	最大作业高度	16.7m（含斗升降0.5m）	19.2m（含斗升降0.5m）
	内尺寸（长×宽×高）	1050mm×730mm×900mm	1050mm×730mm×900mm
	摆动角度	左120°～右120°	左120°～右120°
	材质	FRP制	FRP制
	耐电压	20kV/5min	20kV/5min
工作斗内衬	内尺寸（长×宽×高）	680mm×1010mm×900mm	680mm×1010mm×900mm
	材质	聚乙烯制	聚乙烯制
	耐电压	50kV/5min	50kV/5min
工作臂	长度	5.27~12.47m	5.27~12.47m
	起伏角度	-16.5°～81°	-16.5°～81°
	回转角度	360° 全回转	360° 全回转
	耐电压（第3节工作臂）	105V/min（电极间距600mm）	105V/min（电极间距600mm）

规格2

<table>
<tr><td rowspan="2">转臂</td><td colspan="2">回转角度</td><td>左125° ~右125°</td><td>左125° ~右125°</td></tr>
<tr><td colspan="2">长度</td><td>850mm</td><td>850mm</td></tr>
<tr><td rowspan="6">起吊装置</td><td colspan="2">最大起吊重量</td><td>490kg</td><td>490kg</td></tr>
<tr><td colspan="2">最大地上扬程</td><td>16.6m（副臂起伏角为60° 时）</td><td>19.2m（副臂起伏角为60° 时）</td></tr>
<tr><td colspan="2">耐电压（副臂）</td><td>20000V/5min</td><td>100000V/1min</td></tr>
<tr><td rowspan="2">缆绳</td><td>种类</td><td>外层：涤纶；内层：尼龙</td><td>外层：涤纶；内层：尼龙</td></tr>
<tr><td>直径 × 长度</td><td colspan="2">Φ12 × 20m</td></tr>
<tr><td colspan="2">临时托架支撑载荷</td><td>490kg（均匀负载）</td><td>490kg（均匀负载）</td></tr>
<tr><td rowspan="3">支腿</td><td colspan="2">伸出长度</td><td>1990~3350mm</td><td>1990~3350mm</td></tr>
<tr><td colspan="2">水平支腿行程</td><td>680 mm</td><td>680 mm</td></tr>
<tr><td colspan="2">垂直支腿行程</td><td>550 mm</td><td>550 mm</td></tr>
<tr><td rowspan="9">液压系统</td><td colspan="2">油箱</td><td>88L</td><td>88L</td></tr>
<tr><td colspan="2">指定液压油</td><td>美孚 DTE22（北方冬季用美孚 DTE10超凡15）</td><td>美孚 DTE22（北方冬季用美孚 DTE10超凡15）</td></tr>
<tr><td rowspan="5">压力</td><td>主溢流压力</td><td>17.0（+0.5；0）MPa</td><td>17.6（+0.5；0）MPa</td></tr>
<tr><td>调平溢流压力</td><td>20.6（+0.9；0）MPa</td><td>20.6（+0.9；0）MPa</td></tr>
<tr><td>上部主溢流压力</td><td>13.7（+0.5；0）MPa</td><td>13.7（+0.5；0）MPa</td></tr>
<tr><td>起伏下回路压力</td><td>9.8（+0.5；0）MPa</td><td>9.8（+0.5；0）MPa</td></tr>
<tr><td>转臂回转溢流压力</td><td>10.8（+0.5；0）MPa</td><td>10.8（+0.5；0）MPa</td></tr>
<tr><td rowspan="2">液压泵</td><td>类型</td><td>齿轮式</td><td>齿轮式</td></tr>
<tr><td>输出量</td><td>40mL/r</td><td>40mL/r</td></tr>
</table>

通过附属装置的液压输出压力对上部主溢流阀的压力进行调整，并确认卷扬机起吊能力为490kg。

上部操作速度

上部操作	起伏（工作臂全缩）	升	35 ± 5s/行程	升	45 ± 5s/行程
		降	30 ± 5s/行程	降	40 ± 5s/行程
	伸缩（起伏角最大）	伸	35 ± 5s/行程	伸	40 ± 5s/行程
		缩	25 ± 5s/行程	缩	30 ± 5s/行程
	回转（工作臂全缩、起伏角最大）	右	60 ± 10s/360°	右	70 ± 10s/360°
		左	60 ± 10s/360°	左	70 ± 10s/360°
	工作斗摆动		13 ± 5s/240°		13 ± 5s/240°
	转臂摆动		20 ± 5s/250°		20 ± 5s/250°
	工作斗升降	上	500mm/6（+3；–2）s/行程	上	500mm/6（+3；–2）s/行程
		下	500mm/6（+3；–2）s/行程	下	500mm/6（+3；–2）s/行程
	小吊起伏	上	6（+3；–2）s/行程	上	6（+3；–2）s/行程
		下	8（+3；–2）s/行程	下	8（+3；–2）s/行程
	小吊回转	右	14（+3；–4）s/310°	右	14（+3；–4）s/310°
		左	14（+3；–4）s/310°	左	14（+3；–4）s/310°
	小吊速度（无负载）		≥ 35m/min		≥ 35m/min

下部操作速度及下沉量

<table>
<tr><td rowspan="13">下部操作</td><td rowspan="2">起伏（工作臂全缩）</td><td>升</td><td>35 ± 5s/行程</td><td>升</td><td>45 ± 5s/行程</td></tr>
<tr><td>降</td><td>30 ± 5s/行程</td><td>降</td><td>40 ± 5s/行程</td></tr>
<tr><td rowspan="2">伸缩（起伏角最大）</td><td>伸</td><td>35 ± 5s/行程</td><td>伸</td><td>40 ± 5s/行程</td></tr>
<tr><td>缩</td><td>25 ± 5s/行程</td><td>缩</td><td>30 ± 5s/行程</td></tr>
<tr><td rowspan="2">回转（工作臂全缩、起伏角最大）</td><td>右</td><td>60 ± 10s/360°</td><td>右</td><td>70 ± 10s/360°</td></tr>
<tr><td>左</td><td>60 ± 10s/360°</td><td>左</td><td>70 ± 10s/360°</td></tr>
<tr><td colspan="5">下沉量</td></tr>
<tr><td rowspan="4">油缸下沉量
（额定载荷，最大作业半径）</td><td>升降油缸</td><td></td><td colspan="2"></td></tr>
<tr><td>伸缩油缸</td><td>2mm/10min 以下</td><td colspan="2">2mm/10min 以下</td></tr>
<tr><td>起伏油缸（下臂）</td><td>2mm/10min 以下</td><td colspan="2">2mm/10min 以下</td></tr>
<tr><td>支腿油缸</td><td>2mm/10min 以下</td><td colspan="2">2mm/10min 以下</td></tr>
<tr><td colspan="2">平台（工作斗）下沉量</td><td>25mm/15min 以下</td><td colspan="2">25mm/15min 以下</td></tr>
</table>

装备一览表

标准型或选购件型分别配备有下表所列的功能及装置。

功能及装置
力矩限制器
工作臂自动收回装置
工作臂起伏、回转的周向速度控制功能
上部电源自动断电
驾驶室工具箱防干涉装置
发动机起动・停止装置
垂直支腿・工作臂互锁装置
应急泵装置（配置在无另行记载组件的车辆上）
垂直支腿垫板
水平仪
车轮挡块
接地线卷线盘
上部操作用3向单手柄操纵杆

注　橡胶制的垂直支腿垫板、斜坡专用垂直支腿垫板都属于选购件。

作业范围图

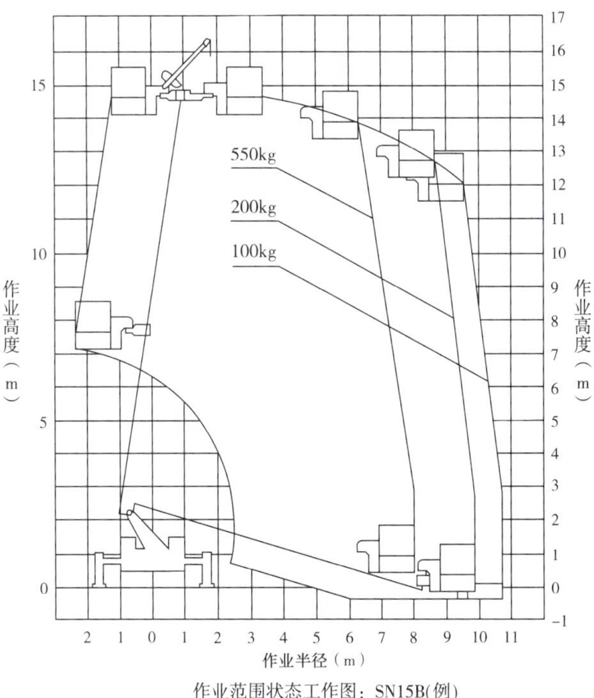

作业范围状态工作图：SN15B(例)

Part 1

日常维护篇

一 出车前检查项目

（一）底盘检查

1. 轮胎气压、底盘底部检查确认

（1）围绕车辆一圈，确认车辆底部有无漏油和障碍物。

（2）检查轮胎气压，对照驾驶室车门处的参数表判断轮胎气压是否正常。

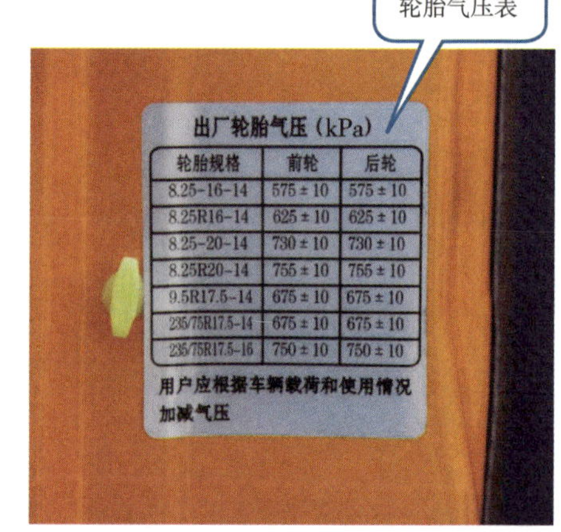

出厂轮胎气压（kPa）

轮胎规格	前轮	后轮
8.25-16-14	575±10	575±10
8.25R16-14	625±10	625±10
8.25-20-14	730±10	730±10
8.25R20-14	755±10	755±10
9.5R17.5-14	675±10	675±10
235/75R17.5-14	675±10	675±10
235/75R17.5-16	750±10	750±10

用户应根据车辆载荷和使用情况加减气压

2. 储气罐气压检查

（1）发动机起动后，气压不足会报警，无法行车。

（2）气压不足会导致手刹无法解除、取力器无法正常离合。

3. 仪表盘及发动机检查

汽车起动后，观察仪表盘，正常情况下故障或异常指示灯不会亮，如出现故障灯或异常指示，应及时排除或报修。

4. DPF指示灯检查

（1）DPF指示灯快闪和灯亮时，需要联系4S店进行处理。

（2）DPF指示灯慢闪（1次/s）时，需要进行手动复位。

5. DPF指示灯（1次/s）处理方法

处理器注意事项说明在驾驶室上方，翻开遮阳板，仔细阅读，按步骤处理。

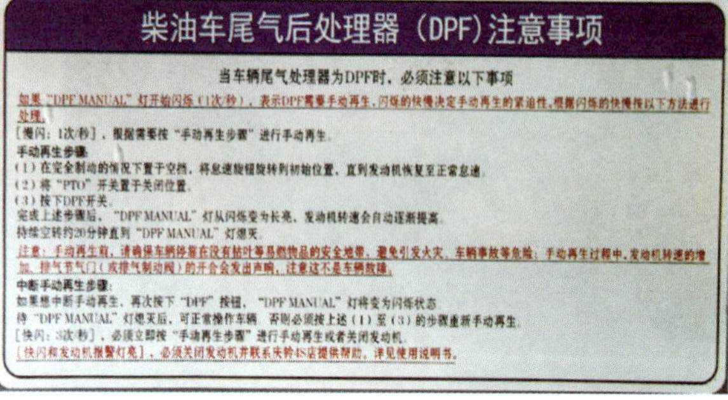

柴油车尾气后处理器（DPF）注意事项

当车辆尾气处理器为DPF时，必须注意以下事项

如果“DPF MANUAL”灯开始闪烁（1次/秒），表示DPF需要手动再生，闪烁的快慢决定手动再生的紧迫性，根据闪烁的快慢按以下方法进行处理。

［慢闪：1次/秒］，根据需要按“手动再生步骤”进行手动再生。

手动再生步骤

（1）在完全制动的情况下置于空挡，将怠速旋钮旋转到初始位置，直到发动机恢复至正常怠速。

（2）将“PTO”开关置于关闭位置。

（3）按下DPF开关。

完成上述步骤后，“DPF MANUAL”灯从闪烁变为长亮，发动机转速会自动逐渐提高。

持续空转约20分钟直到“DPF MANUAL”灯熄灭。

注意：手动再生前，请确保车辆停靠在没有枯叶等易燃物品的安全地带，避免引发火灾、车辆事故等危险；手动再生过程中，发动机转速的增加、排气节气门（或排气制动阀）的开合会发出声响，注意这不是车辆故障。

中断手动再生步骤：

如果想中断手动再生，再次按下“DPF”按钮，“DPF MANUAL”灯将变为闪烁状态

待“DPF MANUAL”灯熄灭后，可正常操作车辆，否则必须按上述（1）至（3）的步骤重新手动再生。

［快闪：3次/秒］，必须立即按“手动再生步骤”进行手动再生或者关闭发动机。

［快闪和发动机报警灯亮］，必须关闭发动机并联系卖车4S店提供帮助，详见使用说明书。

6. 尿素存量检查（规定车辆需加尿素）

尿素存量不足会导致车辆无法正常行驶及上装动作不正常，需及时添加尿素（建议不低于15%）。

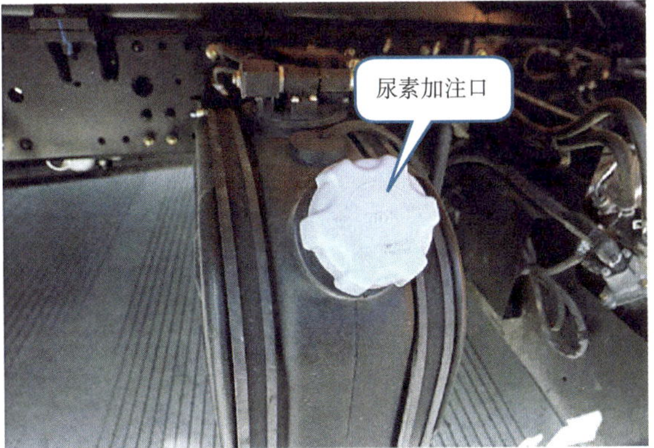

7. 驾驶室后部检查

（1）出车前检查驾驶室后部，需保持干净、无杂物，以防途中跌落。

（2）车辆搭载少量工具等物品时，应控制在100kg以内，并放到车辆两侧工具箱中。

8. 汽车燃油检查

（1）车辆出车作业前确认燃油充足。

（2）加油前确认燃油型号以及冬季用油，以免造成不能启动车辆。

（二）上装状态检查

1. 工作臂检查及维护

（1）查看第一节臂罩壳有无变形、破损（头部罩壳内有充电装置，查看安装是否有松动）。

（2）查看第二节臂是否有磨损、凹陷，工作臂上四面八条按要求均匀抹涂润滑脂。

（3）查看第三节绝缘臂是否有磨损、划痕，头部充电装置罩壳是否破损，安装是否有松动，绝缘臂是否保持干净、干燥。

2. 绝缘臂检查与维护

（1）把车辆停放在水平坚实的地面上。

（2）将水平、垂直支腿伸出到最大限度，把车辆设置成水平状态。

（3）将工作臂回转到车辆后方，把工作臂伸出后，下降工作臂到工作斗底面离地面 100~150mm 的位置停止，将转臂及工作斗回转到工作臂所在的直线上。

（4）在工作臂伸出的状态下，通过目视检查各节工作臂有无扭转、弯曲、凹进、波形（变形）、凹痕、粘连、磨损、裂纹现象。检查中如果发现异常，根据异常严重程度鉴别，能自行处理的给予处理，处理不了的到厂家服务中心检修。

（5）通过目视检查绝缘工作臂、绝缘保护罩有无污垢、损伤、裂纹现象。对于绝缘工作臂上有长度 50mm 以上、深度 2mm 以上缺陷者，应更换绝缘工作臂。

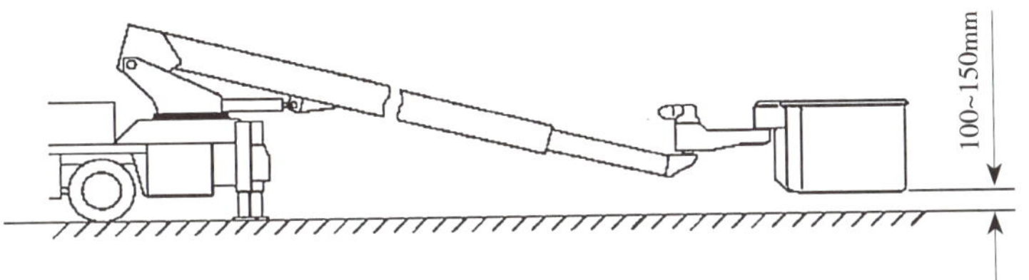

3. 充电装置检查

（1）拆除第一节、第三节臂头部罩壳后检查充电装置安装是否牢固可靠，有无破损。

（2）通过操作确认充电装置是否有效。

（3）该装置用于给工作斗小电瓶充电，如有接触不良，会导致无法给小电瓶充电。

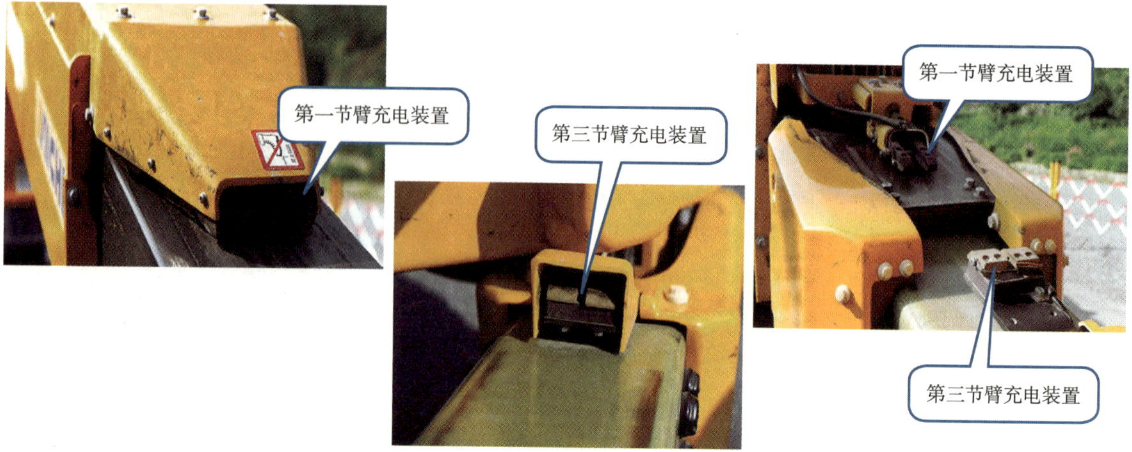

4. 工作臂起伏、平衡油缸检查及维护

（1）起伏及平衡油缸的缸杆上应涂防锈油。

（2）至少每月1次起动发动机确认动作，防止润滑部位的油膜干裂。

（3）确认动作之前，将前一次涂上的防锈油拭去。

5. 工作斗检查及维护

（1）检查绝缘斗内衬是否有磨损、裂开，斗防护板安装是否松动。

（2）确保工作斗内衬干净，如有杂物或水应立即通过“调平装置”进行清理。

（3）检查工作内、外斗处标牌及罩壳有无破损。

6. 工作斗的平衡检查

检查工作斗是否保持平衡状态，如有倾斜需调整后再出车。

7. 工作斗处操作手柄检查

（1）检查有无动作不良的状态。

（2）检查有无间隙。

（3）目视检查有无漏油现象。

（4）动作时，检查有无异响。检查各手柄操作灵活性，工作臂操作(起伏、回转、伸缩)手柄。

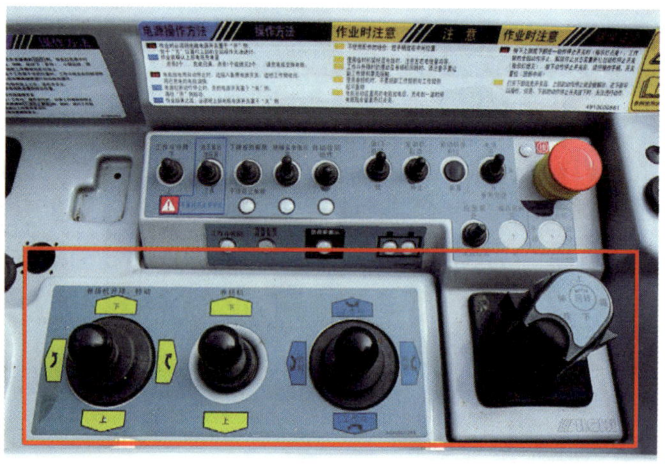

8. 工作斗控制面板按钮检查

（1）检查各按钮开关操作灵活性。

（2）通过电瓶检测按钮检查斗部电瓶残余用量。

（3）平常登高作业时[工具/增压器]按钮必须在中位，这一点作业时务必注意。

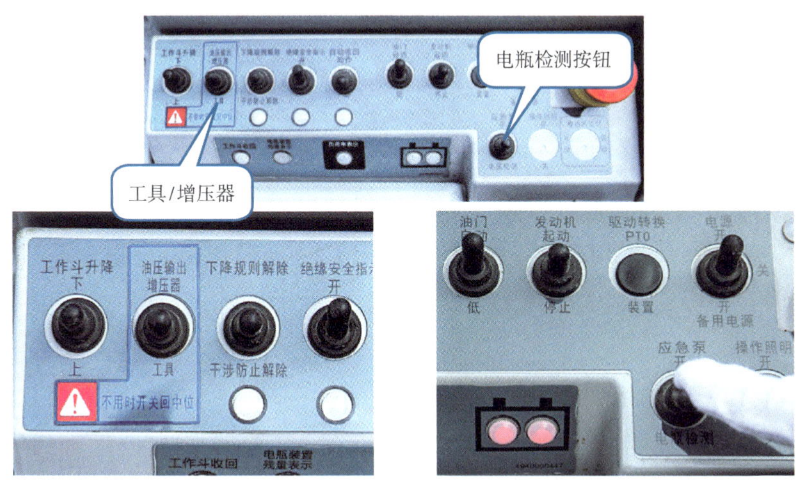

9. 工作斗部软管检查

检查工作斗部液压工具软管是否安装牢固。工作斗部液压软管如有龟裂、破损、漏油等问题，应立即终止使用，并与就近的厂家服务中心联系。

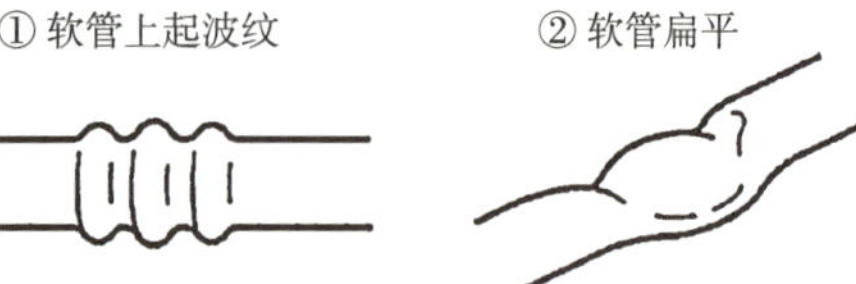

③ 软管弯折成尖角“<”形状

以上情况立即更换软管

10. 小吊缆绳检查

出现以下情况应禁用：

（1）小吊绳有明显变色的情况；

（2）外层的绳股偏位及断损以至于看见内层缆绳的黄色；

（3）外层磨损导致起毛；

（4）内层缆绳断裂导致外层出现凹凸现象。

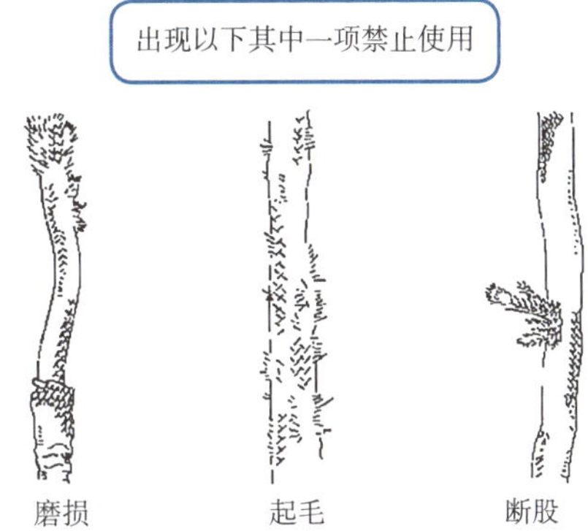

11. 臂托架和斗托架检查

（1）定期检查托架缓冲垫有无松动，磨损厉害需更换（保护臂架）。

（2）检查收回工作臂后工作斗是否压到位。

12. 臂架外露电器检查

（1）检查臂托架的行程开关摇杆是否灵活，滚轮是否安装牢固。

（2）臂尾长度传感器、轴力传感器、角度指示仪是否完好。

（3）外露电器勿用高压水枪冲洗。

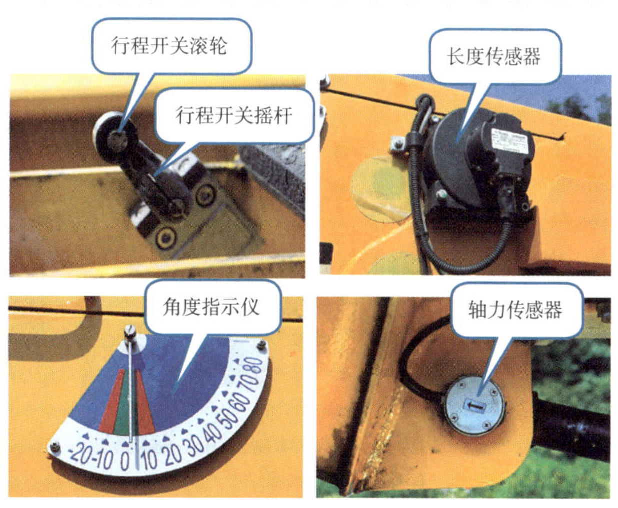

13. 下部操作面板检查

（1）检查各按钮有无破损和使用是否灵活。

（2）检查计时器工作时间是否到达规定保养时间（每1200h或每年更换1次；但第1次应300h或3个月后更换）。

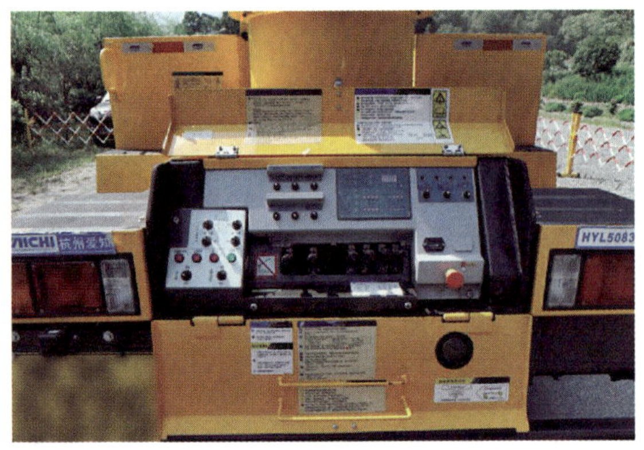

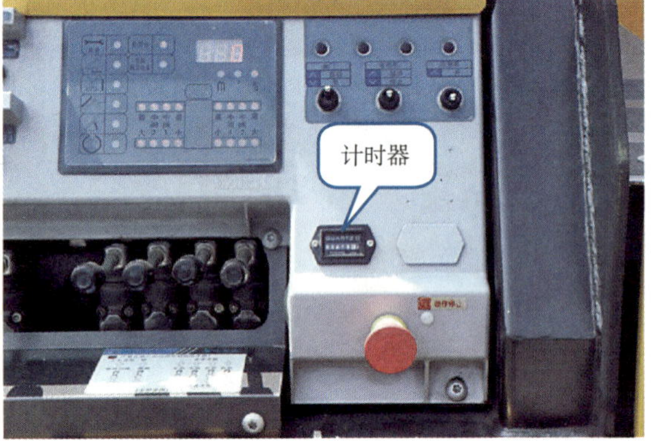

14. 液压油箱检查

（1）通过目测确认油箱油管有无渗漏油。

（2）通过目测透明管初步判断液压油的状况是否良好。

（3）检查液压油量是否达到标准范围。

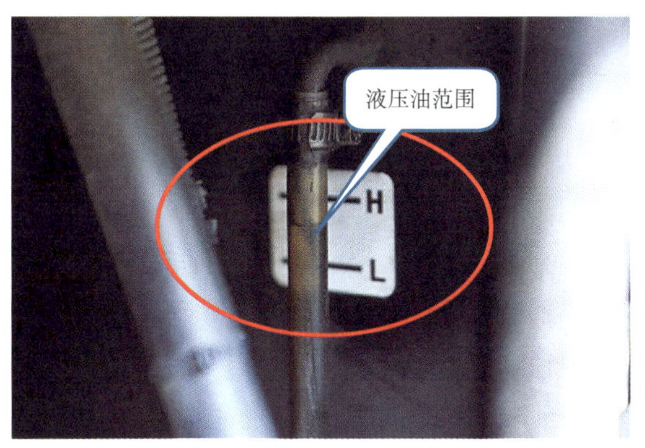

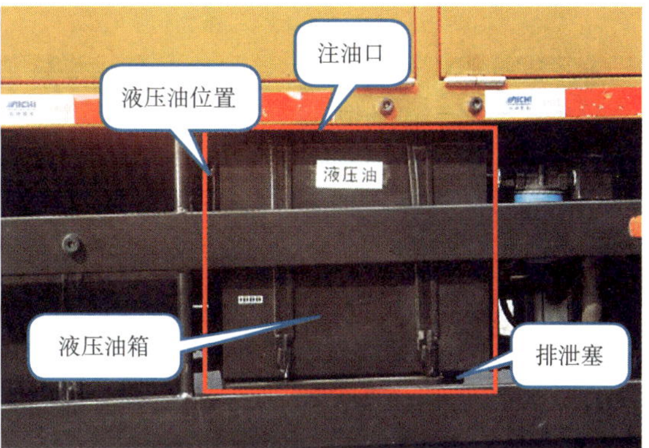

15. 取力器传动部位检查

接通取力器时，将离合器踏板踩到底，把取力器开关置于接通（ON）位置，慢慢松开离合器踏板；关闭取力器时，将离合器踏板踩到底，把取力器开关置于关闭（OFF）位置，慢慢松开离合器踏板。

（1）通过目测确认取力器有无渗漏油。

（2）发动机起动预热后，取力器按钮开关处于“合”的位置，确认取力器运转有无异响。

（3）在移动车辆时必须脱开取力传动，以免造成取力器损伤。

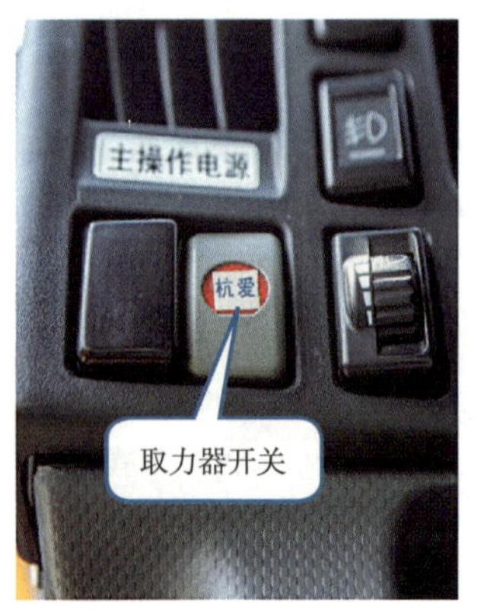

（三）行车前安全确认

1.开车前确认工作斗和工作臂收回

行驶前，必须确认收回工作臂、工作斗，否则稳定性变差，车辆有侧翻的危险，并且也违反交通法规。

2. 开车前确认小吊、小吊臂收回

（1）确认小吊绳及卷扬机收回。

（2）小吊臂收回在工作臂固定位置。

3. 开车前确认支腿收回及操作箱盖、工具箱门关闭

确认支腿水平、垂直收到位

确认操作箱盖合上

确认工具箱门关上

4. 开车前确认取力器开关在关闭状态

如取力器开关（PTO）在接通（ON）状态下行驶，油压发生装置处于动作状态，可能使车辆破损或工作臂移动等，这将带来危险，所以开车前必须把取力器开关（PTO）置于断开（OFF）状态。

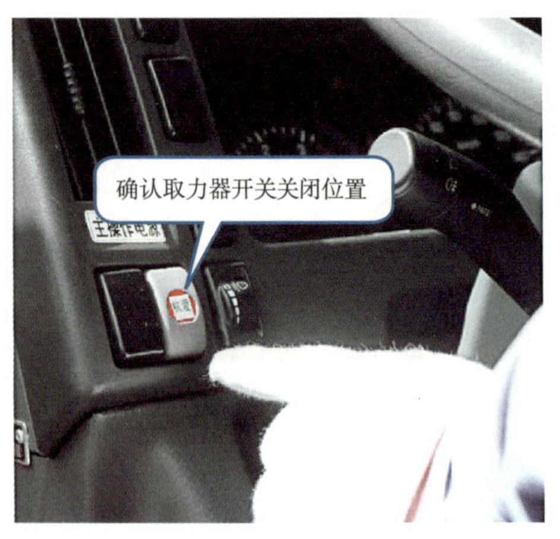

5. 开车前确认工作斗内和控制面板上工具及物品卸下

在工作斗内和控制面板上装载作业用的工具等物品的状态下行驶，由于车辆行驶过程中的震动，会导致工作斗及控制面板处装置破损，甚至有可能引起人身事故。

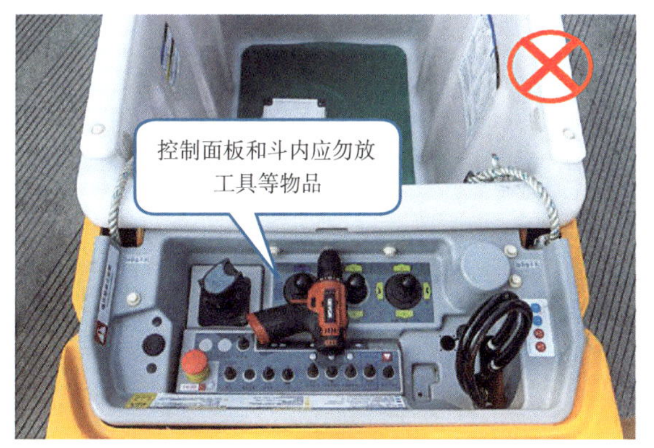

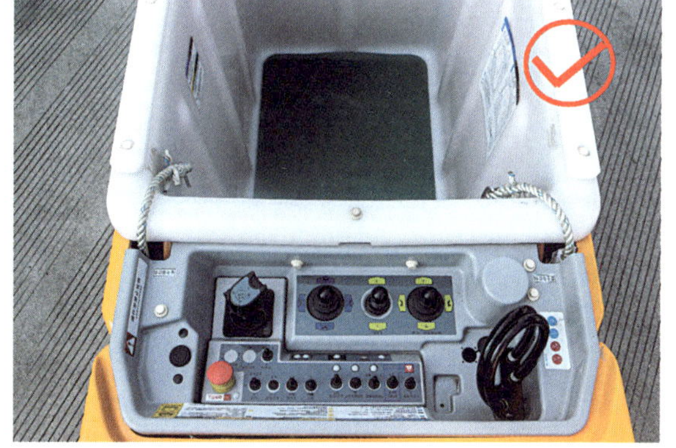

6. 开车前确认工作内、外斗螺栓是否牢固

有内、外斗的车，其工作斗内衬可能由于风力作用被吹起脱落，行驶前应加盖防护罩。如螺栓没有固定，在行驶过程中，由于各种因素，有可能造成工作斗脱落！因此必须加装螺栓并紧固后再行驶！

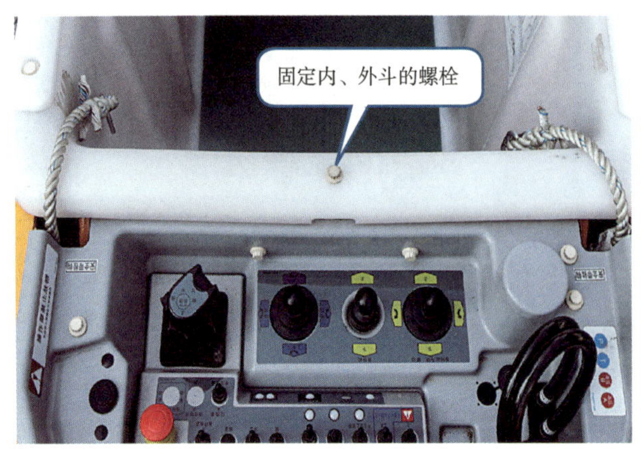

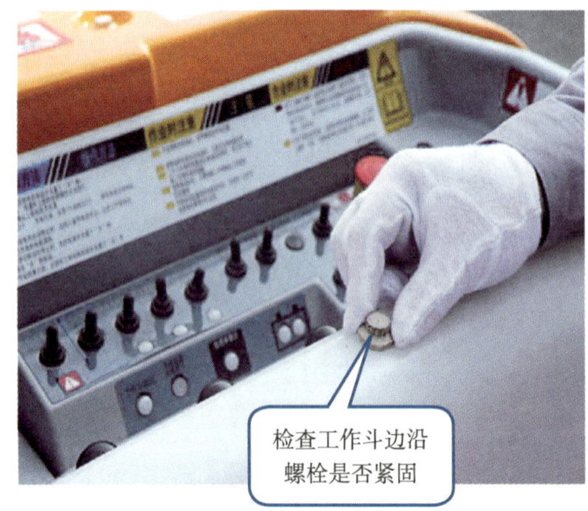

7. 雨雪天气确认加盖防护罩

雨雪天气时，为了防止操作装置淋湿、冻结，必须加盖防护罩。

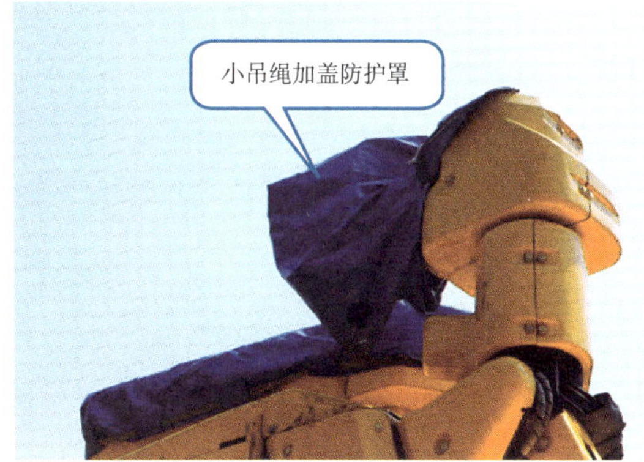

二 作业前检查项目

（一）现场操作条件确认

1.确认绝缘臂、工作斗等绝缘部分装置是否受潮

当绝缘臂、工作斗等绝缘部分装置受潮时，绝缘性能下降，容易引起触电事故，不能进行带电作业。如要继续开展后续工作，应先将绝缘臂、工作斗等绝缘部分装置进行烘干或处理干燥后，再进行绝缘电阻检测合格后方可使用。

2. 设置警示标志

（1）要设置绕道标识及向导员、迂回道路，采取防止与行人及往来车辆发生碰撞的措施。

（2）不要让行人进入作业范围，以免造成伤害。

（3）警示标志要设置合理，以免妨碍人或车辆的通行。

（4）交通道路窄作业点须封道时，应向交通部门提前报备，工作当天由交警在现场指挥。

3. 确认作业现场地面环境

（1）确认作业现场地面有无松软或不平整。

（2）软土地面应使用垫块或枕木，垫放时垫板重叠不超过2块，呈45° 角。

（3）不平整的地面应修缮平整。

（4）禁止支腿停放在沟道盖板上。

（5）支腿支撑应到位，车辆前后、左右呈水平，轮胎要离地（不小于20mm）。

4. 车辆不能在大于7° 的斜坡上作业

（1）车辆停放允许的路面最大倾斜角度为车辆前方下倾7° 以内，不得在超过7° 的倾斜坡面进行作业。

（2）车辆必须前方下倾驻车。

（3）拉停车制动器操作杆，确认车辆不动。

（4）在每只轮胎的下坡侧放置随车的轮胎制动楔块或适当的三角挡块。

（5）轮胎制动楔块必须与轮胎紧密接触。

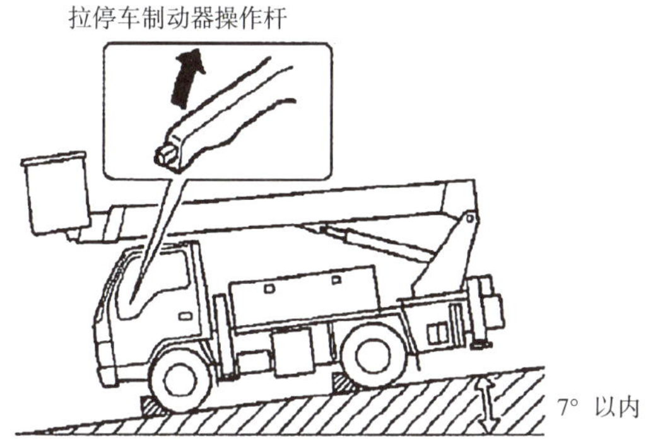

前方下倾驻车，下坡侧垫制动楔块

5. 车辆不能在冰冻及积雪路面作业

（1）在有倾斜的冰冻及积雪路面上的车辆有失控的危险，因此绝对禁止在其上停放车辆。

（2）在冻结倾斜路面设置支腿时，车辆倾斜易打滑，且冻结物破裂（或融化）时车辆可能倾斜翻车，因此不能设置于冻结倾斜路面。

（3）如一定要在冰冻及积雪路面作业时，要将冰冻及积雪全部去除，确认路面状况后再设置支腿。

6. 查看检查记录

（1）车辆检修的时候禁止登高作业。

（2）将检查结果制成记录表。

（3）查看记录表，确认车辆有无遗留的故障。

（1）作业前检查（使用者）。

（2）月度检查（自主）。

（3）年度检查（属于特定检查，应委托专业人员进行）。

（二）操作前准备工作

1.作业前斗内铺设防滑绝缘垫

斗内应铺设防滑绝缘垫，防止脚下打滑！

2. 作业前培训取得操作证

本作业车只有经过专业培训者才能操作。

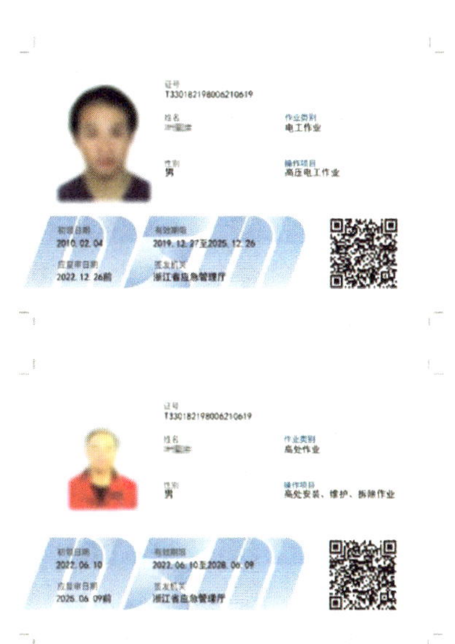

3. 作业前准备通信工具

两人以上作业时，为了防止因相互联络不便引起的事故，应指定指挥人、规定信号，在其指挥下进行作业！

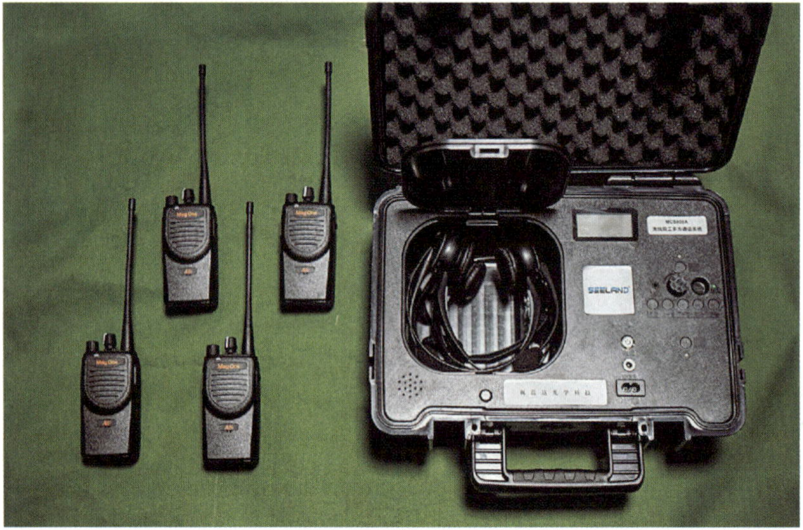

4. 车辆预热

（1）新车或环境温度较低时，起动油泵后必须在无负载下运行5～8min，预热液压系统，然后再进行作业。

（2）如不预热，将缩短车辆的使用寿命或引起动作不良。作业开始前应把取力器开关置于“ON”进行预热运转，特别是冬季要充分进行预热运转。

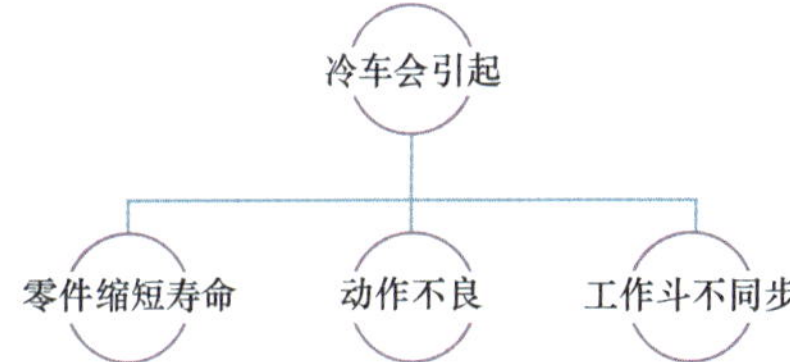

5. 确认作业现场可视度

（1）如果必须在低能见度或夜间工作，则必须在平台工作的整个区域采取措施，保证良好的能见度。

（2）没有保证能见度，或者只保证部分区域或一个方向的能见度，可能导致人员严重伤害。

两人以上夜间作业时，应确认作业现场的照明，尤其是操作装置部位。为了防止误操作，应保证一定的亮度。

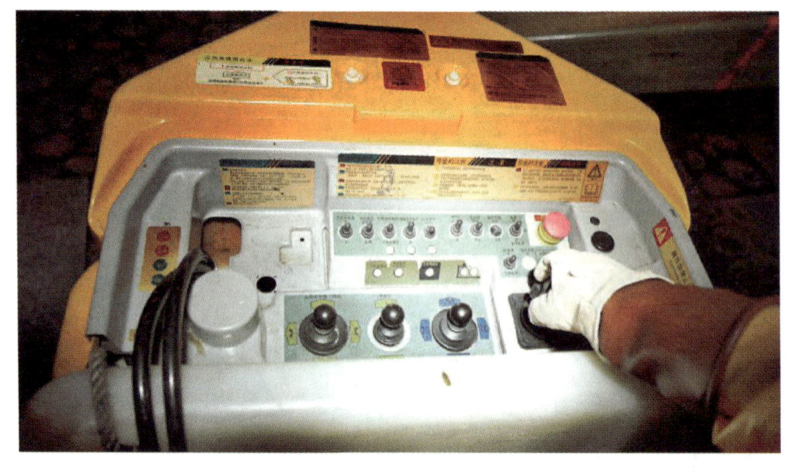

6. 作业前准备支腿垫板和辅垫

作业现场地面可能会松软或不平整。出车前确认出厂时配的四个支腿垫板是否齐全，以及准备一些辅助垫。

7. 作业前绕车一圈检查

（1）绕车走一圈，目测检查有无漏油以及标牌、车体是否有破损。

（2）标牌如有破损或污损，应立即去除污垢，或者更换新标牌！

（三）作业前安全确认

1. 作业前配备急救箱和灭火器

（1）夏天容易中暑，应配备一些常用药物和所需物品等。

（2）考虑到意外事故或火警情况，需要配备合格的灭火器。

2.作业前身体确认、不喝酒

过度疲劳或睡眠不足等引起身体不适时或酒后严禁进行作业，因为身体不适容易导致误操作或回避危险操作不及时，易发生事故。

3. 使用“作业前检查”开关检查车辆是否正常

作业前使用“作业前检查开关”检查车辆，若检查中发现异常，不可继续作业，应立即进行修理。如果继续使用，将会引起重大事故。

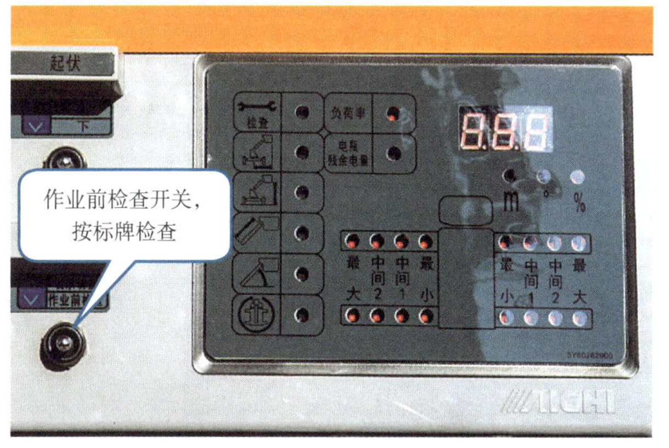

作业前检查要领 操作方法

- 绝对禁止在工作斗载人或载物的状态下进行检查操作。
- 1 逐根进行水平支腿的伸长操作，并检查“水平支腿伸出着地指示灯”是否依次点亮。
- 2 请把车辆设置成以下状态之后再进行“作业前检查”。

1. 水平支腿：伸长量处于最小限度	4. 转臂摆动角度：收回状态	7. 油门：低速
2. 垂直支腿：接地状态	5. 工作臂：收回状态	8. 操作：下部操作部
3. 车辆设置成水平状态	6. 工作斗部电源：接通状态	9. 工作斗载重量：0kg

- 3 请通过AMCS指示器，把工作臂起伏角度调到10±1°（蓝色贴片范围内）。请确认此时转台的红色贴片▼在副大梁的红色贴片■范围内。
- 4 持续接通 作业前检查开关，请确认约3秒钟之后蜂鸣器会停止鸣叫。
- 如果蜂鸣器不能停止鸣叫，就说明产生了异常情况。
- 5 请在工作斗部进行以下检查。请接通工作斗 电源 的接通以及 动作停止 开关，确认卷扬机是否会进行起吊、放下动作。
- 如果卷扬机动作了，就说明产生了异常。请立即停止动作。检查就此结束。
- 如果在检查过程中发现了异常情况，切不可继续使用，请到就近的我公司指定维修工厂接受检修。
- 详细情况请参阅使用说明书。

4910000564

4. 作业前检查紧急停止开关是否正常

紧急停止开关在紧急情况下可停止工作臂动作，使用前应确认该开关是否有效，是否有卡顿现象。如果有应停止作业，更换开关。

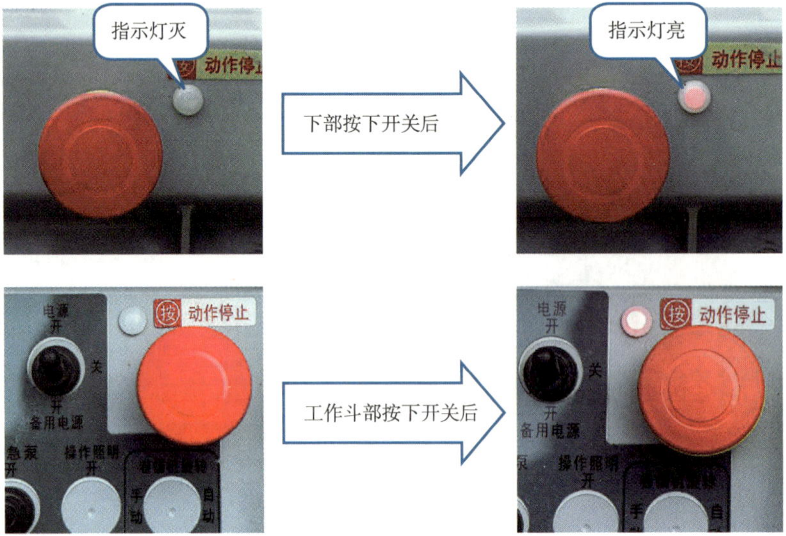
指示灯灭
指示灯亮
下部按下开关后
工作斗部按下开关后
动作停止
电源
开
关
备用电源
操作照明

5.作业前检查示宽灯是否点亮

因绝缘斗臂车在作业时，水平支腿伸出后，超出车辆本身的宽度，需要4个支腿灯指示作业宽度。作业前需检查灯泡是否点亮，保障作业的安全性。

6. 作业前检查确认工作斗处安全带挂绳

应检查安全带用的缆绳环扣蓝色股线部分是否已磨断，缆绳自身有无损伤。如果缆绳的蓝色股线部分已磨断，或者缆绳自身有损伤，则不可继续作业，应立即更换缆绳。

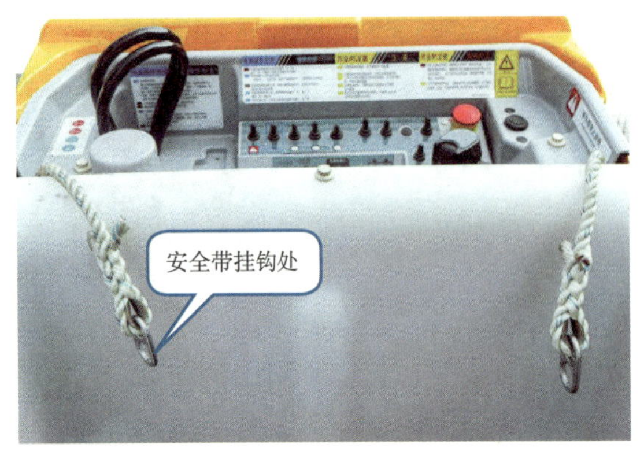

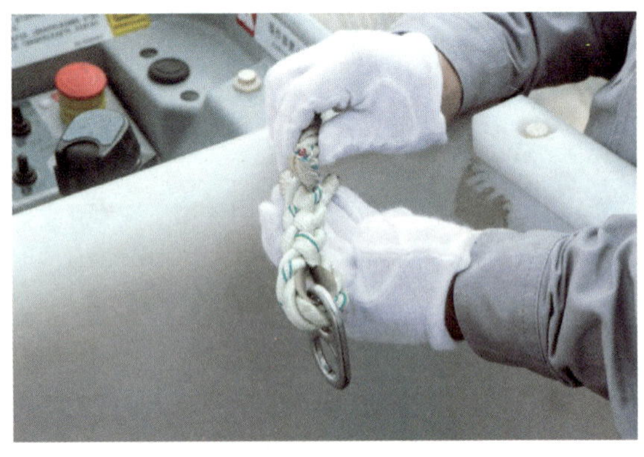

7.作业前检查工作斗小电瓶电量

操作“电瓶检测”开关时，左边两个指示灯如果均不亮或只有一个点亮代表电量不足，两个都亮表示电量充足。

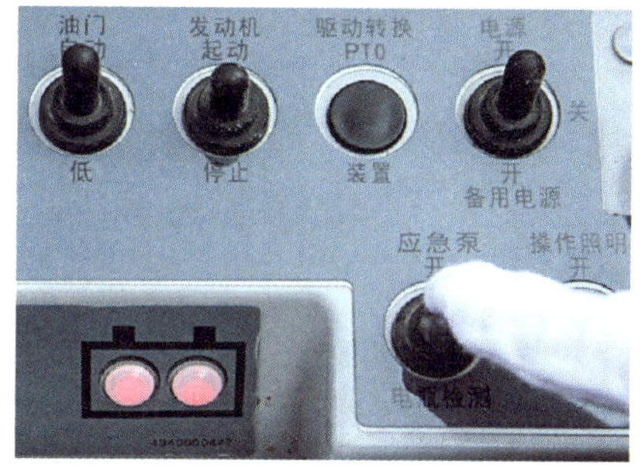

用“电瓶检测”开关确认上部操作电源是否电量充足，如果电量不足，则需充足电或用下部备用电瓶进行更换后方可恢复上部操作装置的各操作；电瓶电量不足无法收回时，可以使用“备用电源”开关收回车辆。

工作斗部电瓶没电会导致上部操作装置无法进行各操作。向下按“备用电源”开关，可以将车辆应急收回。

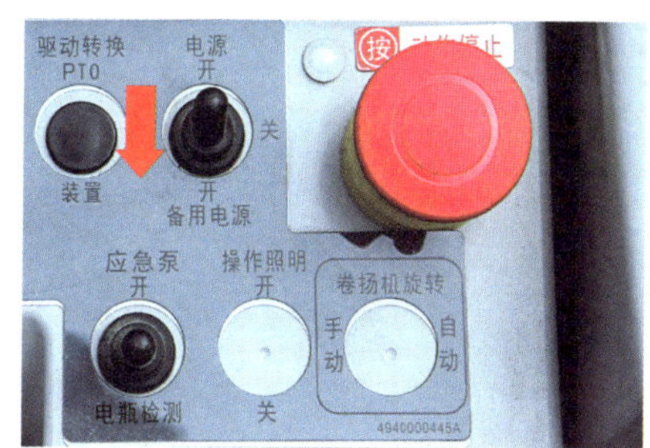

8. 作业前确认支腿操作阀手柄在中位

支腿操纵完成后，确认支腿切换手柄恢复到中位后，才能进行其他作业！

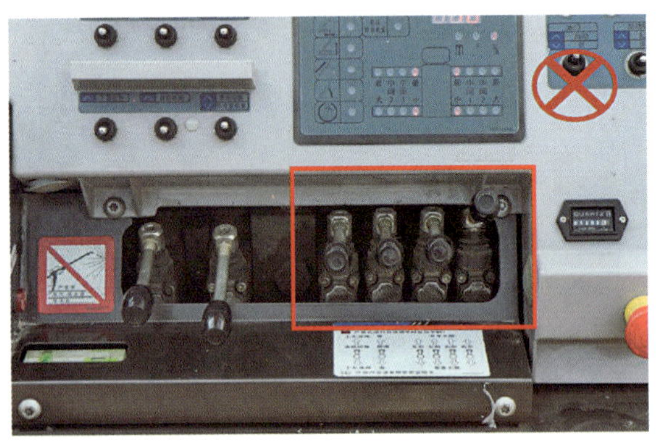

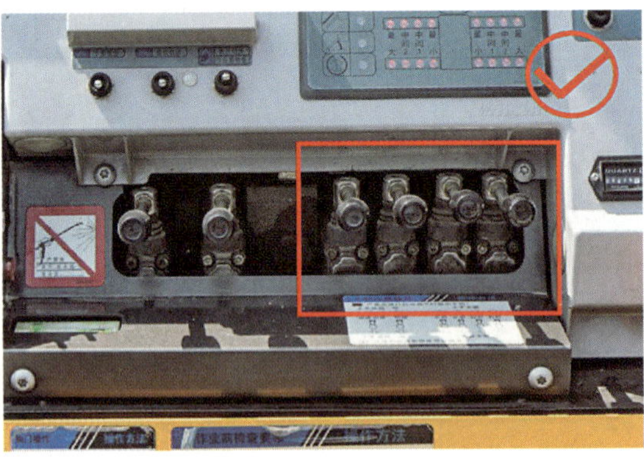

三 每月常规检查项目

（一）底盘检查确认

1.检查车辆弹簧钢板

为了保护底盘的弹簧钢板，汽车长时间停放时应伸出垂直支腿（弹簧钢板不受力即可）。

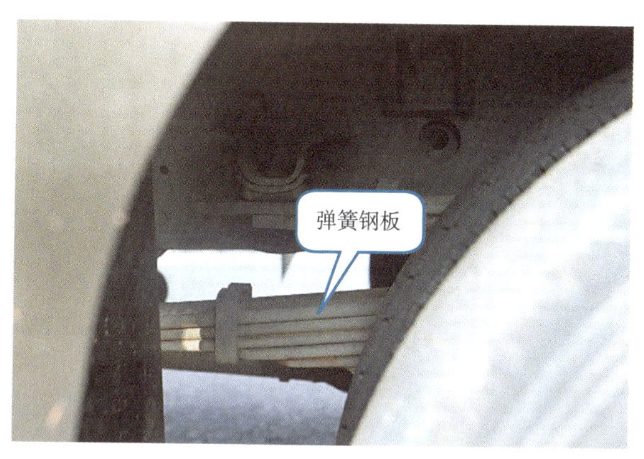

2. 检查车轮螺母是否松动

确保车辆行驶前车轮螺母紧固。若车轮螺母松动，非常危险！

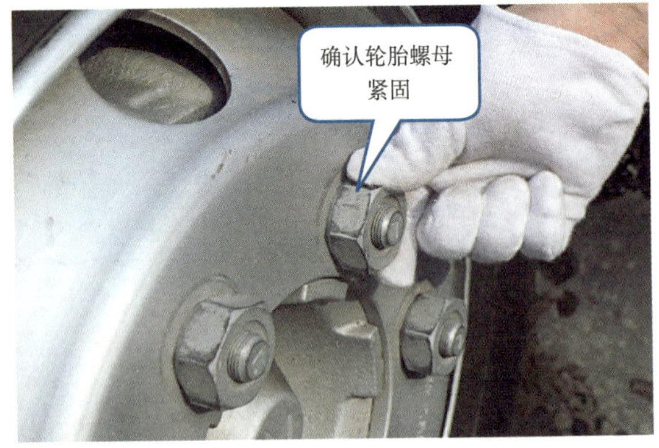

3. 检查各车灯、喇叭是否正常有效

（1）确认车辆喇叭正常有效，若不正常应到就近维修站维修。

（2）确认各车灯是否点亮，若有些灯（侧灯等）不正常应到就近维修站维修。特别夜间作业时，各车灯点亮起着关键作用。

4. 检查车辆机油、防冻液

检查车辆机油、防冻液是否在标准范围内，有无泄漏。

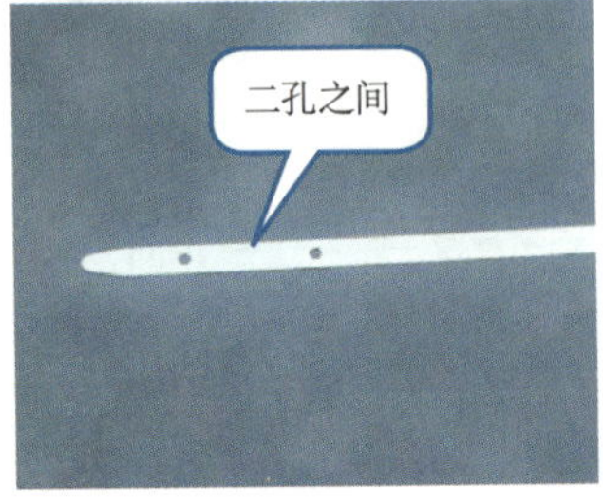

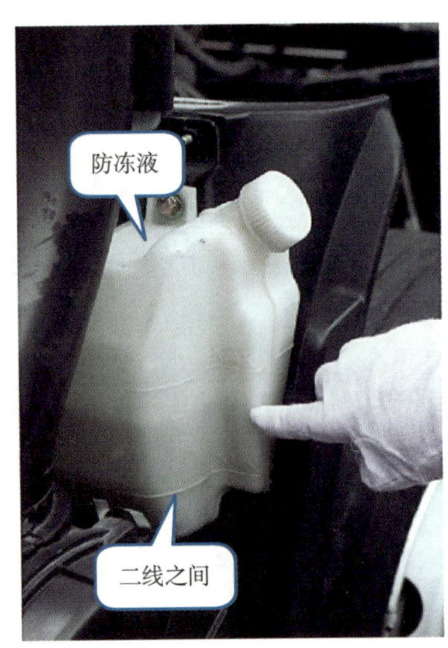

5. 检查底盘各部件保养周期

按底盘使用说明书提供的周期保养和更换各个零件。

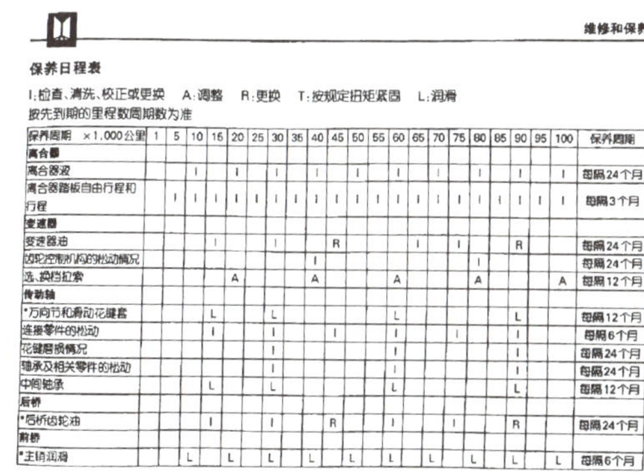

维修和保养

保养日程表

I:检查、清洗、校正或更换　A:调整　R:更换　T:按规定扭矩紧固　L:润滑

按先到期的里程数周期数为准

保养周期 ×1,000公里	1	5	10	15	20	25	30	35	40	45	50	55	60	65	70	75	80	85	90	95	100	保养周期
离合器																						
离合器液			I		I		I		I		I		I		I		I		I		I	每隔24个月
离合器踏板自由行程和行程		I	I	I	I	I	I	I	I	I	I	I	I	I	I	I	I	I	I	I	I	每隔3个月
变速器																						
变速器油				I			I			R				I		I			R			每隔24个月
齿轮控制机构的松动情况									I								I					每隔24个月
选、换档拉索					A				A				A				A				A	每隔12个月
传动轴																						
*万向节和滑动花键套				L			L						L						L			每隔12个月
连接零件的松动				I			I			I			I			I			I			每隔6个月
花键磨损情况							I						I						I			每隔24个月
轴承及相关零件的松动							I						I						I			每隔24个月
中间轴承				L			L						L						L			每隔12个月
后桥																						
*后桥齿轮油				I			I			R			I			I			R			每隔24个月
前桥																						
*主销润滑			L		L		L		L		L		L		L		L		L		L	每隔6个月

5-4

6. 检查轮胎的磨损程度

（1）检查轮胎花纹深度。

（2）检查轮胎花纹磨损是否均匀。

（3）检查轮胎花纹内及后轮两轮胎间是否夹杂尖锐或较大的异物。

7.检查随车工具

出车前检查随车工具是否齐全。

8. 检查底盘电瓶

（1）看电瓶外观：仔细观察汽车电瓶的四周是否出现比较明显的膨胀变形或鼓包的情况。

（2）测电瓶电压：通过电瓶测量仪或万用表测量电瓶的电压来判断是否需要更换。

（3）禁止汽车熄火后使用汽车电器，发动机在不发电的状态下单独使用蓄电池，会对其造成损害。

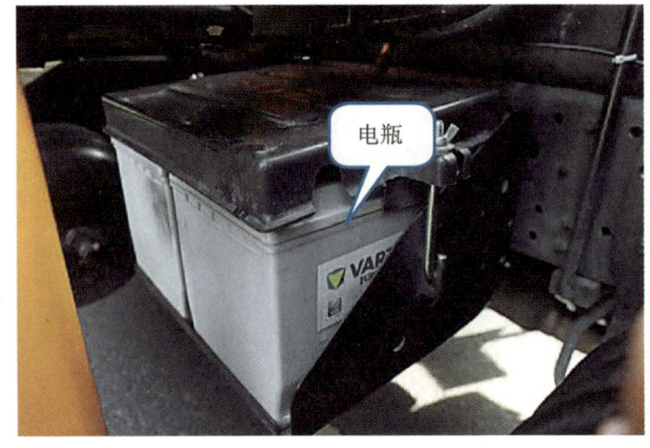

9.检查发电机指示灯

（1）当起动开关转到“ON”位置时，发电机指示灯亮起；当发动机起动，发电机电路工作正常，该指示灯熄灭。

（2）当车辆行驶时，如果发电机指示灯点亮，应到就近的维修站去检查发电机。

（3）发电机不工作，会导致后面液压部分不动作。

10. 检查底盘保险丝

如发现保险丝熔断，要进行检查，找出熔断的原因，并在更换保险丝之前采取必要的维修措施。

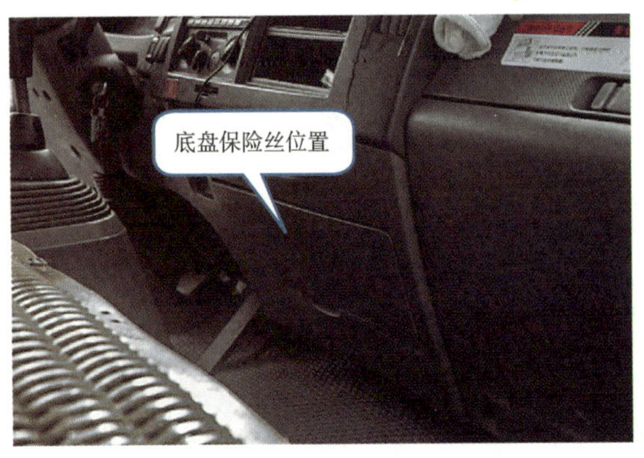

11. 检查离合器液

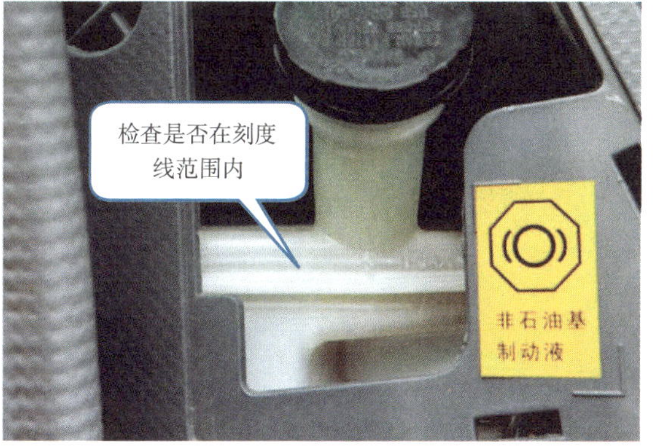

12. 检查汽车安全带

（1）抓住安全带慢慢往外拉，会越拉越长，全部把其慢慢拉出来。

（2）如果抓住安全带猛地用力向外一拉，安全带会卡死，无法往外拉出，这才是正常的。可以保证紧急状况下，身体拉住不会向前倾斜。

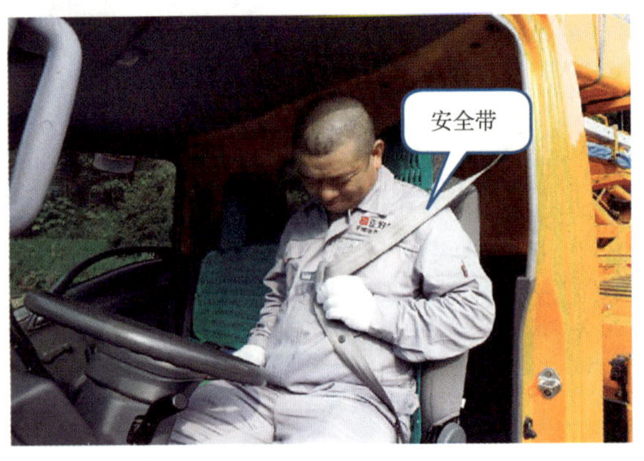

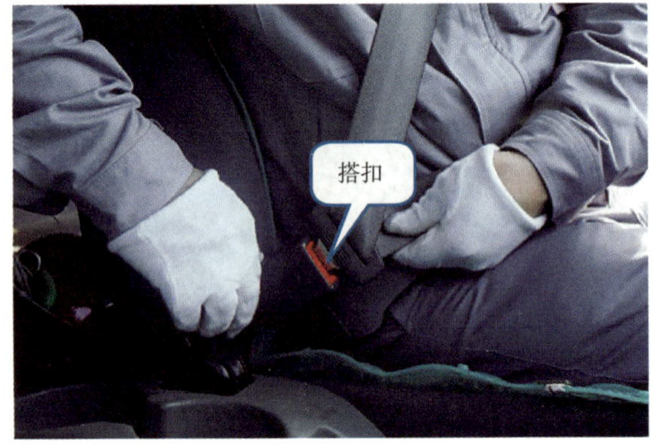

13. 检查备胎

检查备胎橡胶是否出现老化龟裂，是否达到极限磨损标识，如需安装使用，还需要检查备胎胎压是否与标准胎压值吻合。

（二）液压系统检查

1.检查下部操作及转台处液压软管

下部操作及转台处液压软管如有龟裂、破损、漏油等问题，应立即终止使用，并与就近的厂家服务中心联系。

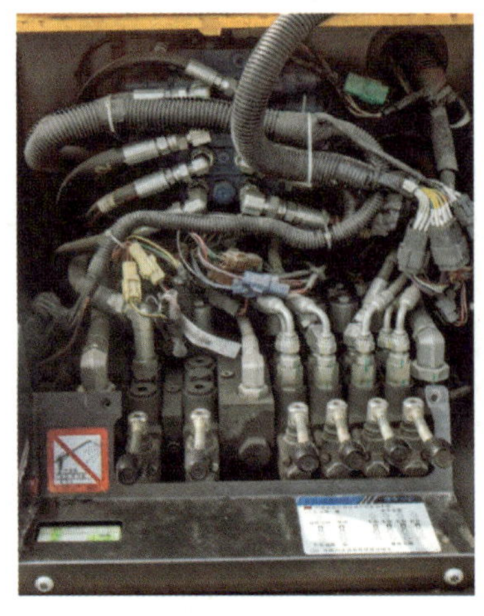

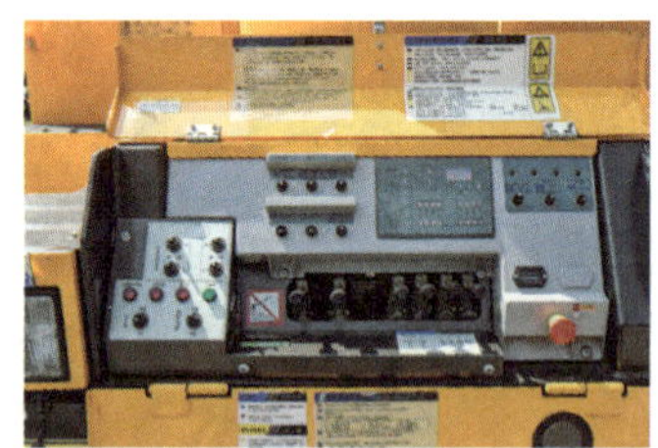

①软管上起波纹

②软管扁平

③ 软管弯折成尖角“<”形状

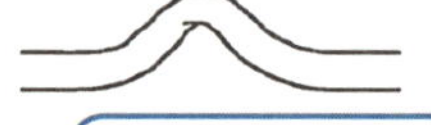

以上情况立即更换软管

2.润滑油添加部位和添加周期

（1）当外界气温在 -10℃以下时，不要添加润滑油。

（2）应每工作 100 h或每个月添加一次润滑油。

润滑部位图

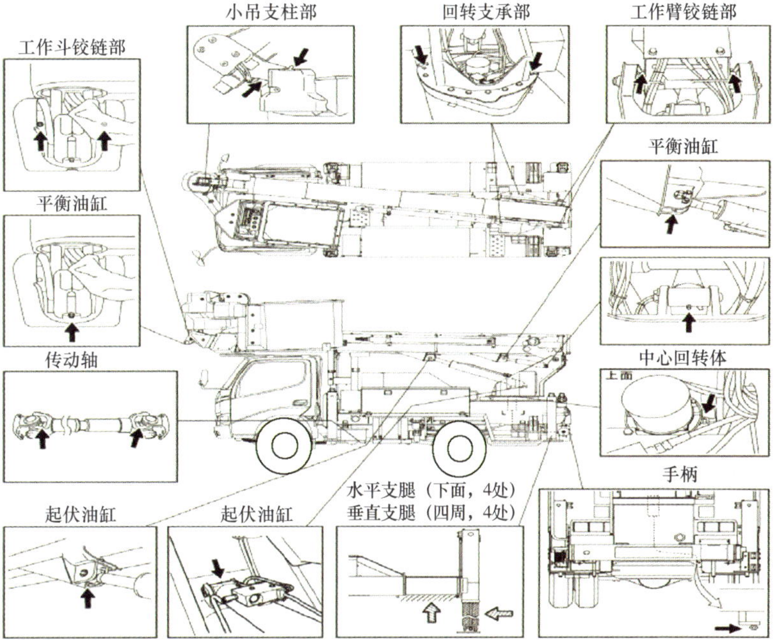

小吊支柱部

回转支承部

工作臂铰链部

工作斗铰链部

平衡油缸

平衡油缸

传动轴

中心回转体

上面

手柄

起伏油缸

起伏油缸

水平支腿（下面，4处）

垂直支腿（四周，4处）

3. 检查液压油箱油量、保养周期、液压油型号

（1）用油位指示器确认油量，从注油口加入不足的油量。

（2）油量保持在油位指示器的H ~ L之间。

（3）每1200 h或每年更换1 次（但第一次应300 h或3 个月后更换）。

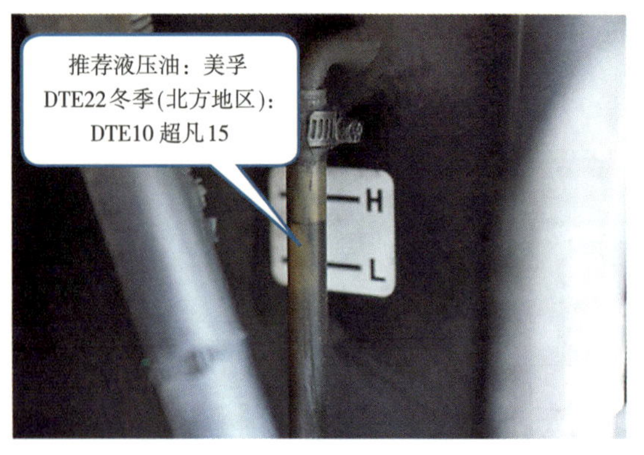

4.检查回转减速器油

（1）卸下副大梁上的盖子。

（2）用油位指示器确认机油油量，补足不足部分的机油油量。

（3）确认机油油量时，应将油位指示器旋入。

（4）机油油量要保持在油位指示器的2根线之间。

（5）将油位指示器拧紧，安装盖子。

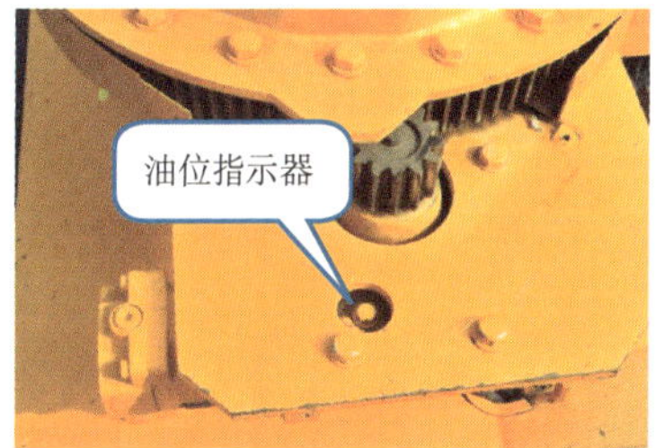

5. 检查左侧工具箱内保险丝

保险丝注意事项：

（1）卸下左侧工具箱侧保险丝箱的箱门。

（2）卸下保险丝箱罩壳时，应用手持两侧的锁定部往前拉。

（3）应用保险丝箱内的保险丝专用工具夹住保险丝拔出。如保险丝熔断，应用相同规格的保险丝更换。

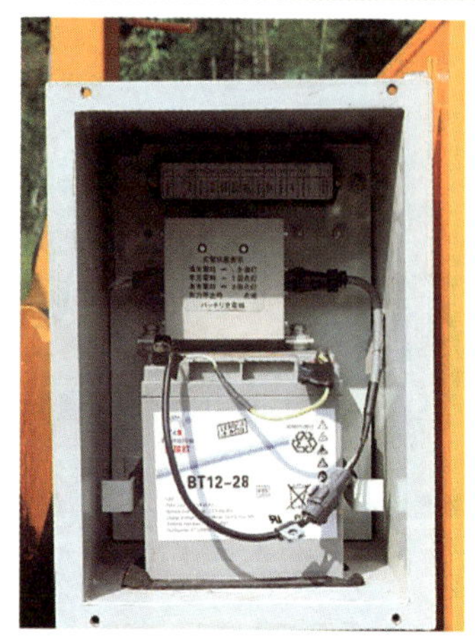

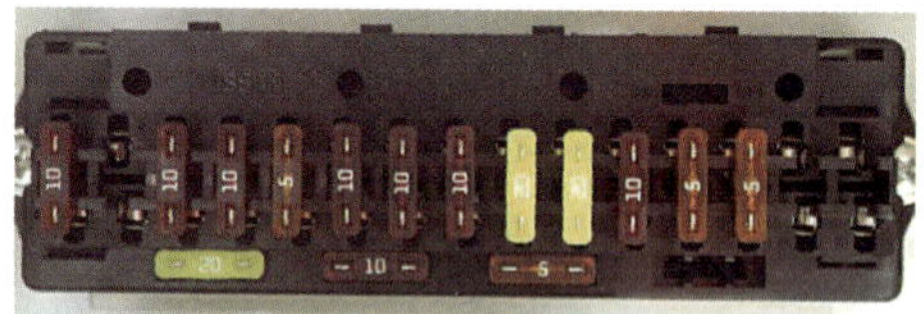

10A		10A	10A	5A	10A	10A	10A	20A	20A	10A	5A	5A		10A
起动		充电器	装置电源	取力器（PTO）	转台部控制器	大梁部控制器	下部操作装置	下部电源	选择电源	节能电源	互锁	储存电源		控制电源（静音车型）

6.液压操作保险丝分布图

（1）检查保险丝时，发动机钥匙开关置于“OFF”（断开）位置。

（2）保险丝必须符合规定容量。

（3）如使用规定容量以外的保险丝，将导致配线烧损。

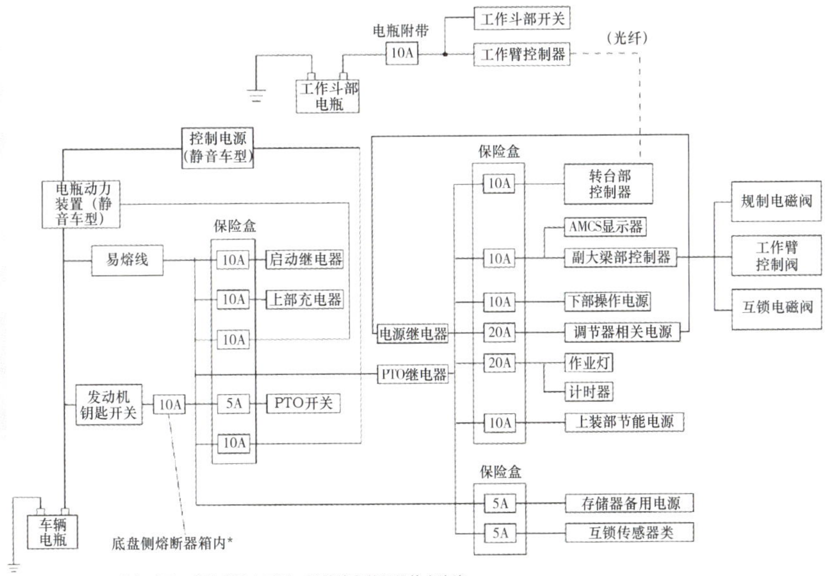

*底盘不同，安装位置也不同，详情请向就近维修点咨询。

7. 检查各油缸有无异常现象

（1）通过目视检查各油缸，如果有某一处油缸漏油以及破损，就不可继续作业，应立即进行修理。

（2）起动发动机后产生液压，检查各部位油缸是否发出异声。如果有某一处部位油缸有异声等情况，应立即停止作业，进行检查。

8. 检查工作斗处电源打开后有无报警声

（1）报警声是提示关闭工作斗处电源。

（2）如上部操作（工作斗处）电源开关处于“通”，收回工作臂，工作斗处蜂鸣器会响，这是电瓶充电信号。车辆电瓶电压降到规定值以下时，终止电瓶充电，蜂鸣器不响。

（3）车辆电瓶电压规定值以上而蜂鸣器不响时，可能是充电电路接触不良，应将工作臂伸缩几次，工作臂缩到位后充电电路接触正常。将上部操作（工作斗处）电源开关置于“通”时，蜂鸣器不响，需要与就近的厂家服务中心联系。

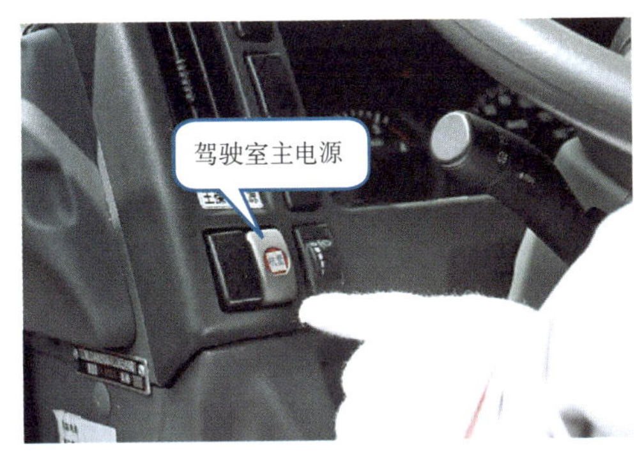

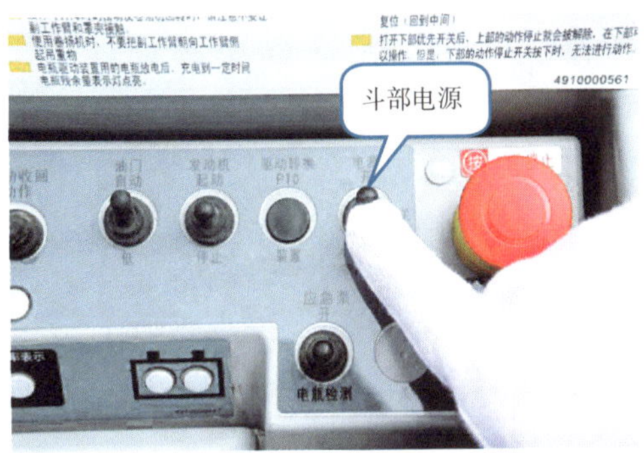

9. 检查垂直支腿有无下挂

停放一晚或者更长时间

下挂严重应检修后再使用

正常

10.检查自动收回开关

（1）工作臂的起伏角度应该大于15°。

（2）工作臂的回转角度在0°~2°和12°~360°之间。

（3）工作斗处电源开关接通（不接通则无法进行工作斗与转臂的自动回收）。

上部操作满足条件时，同时按住“启动开关”和“自动收回”按钮，指示灯亮。

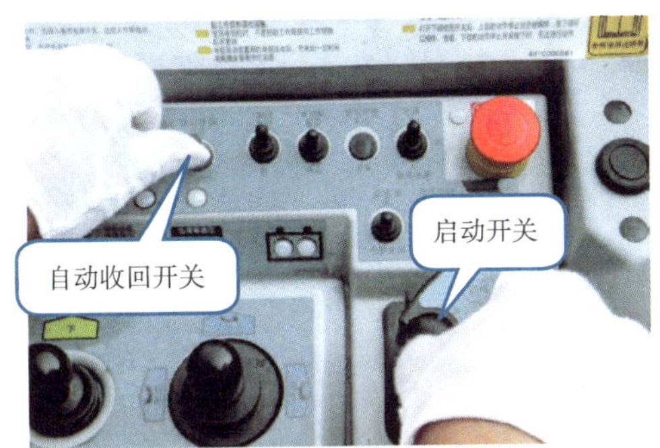

下部操作满足条件时，同时按住“下部优先”和“自动收回”按钮，指示灯亮。

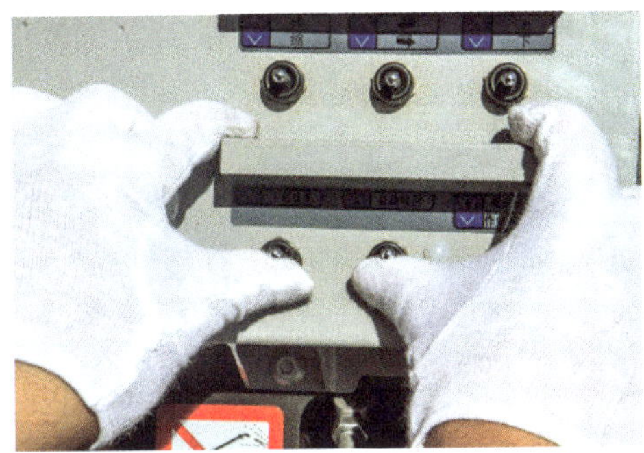

11. 检查钢丝绳

参考伸、缩用钢丝绳公称直径标准表，小于更换标准属于异常现象，应由专业人员进行维修

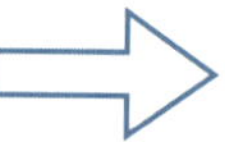

种类	公称直径	更换标准
缩回用钢丝绳	Φ8	Φ7.76 以下
伸出用钢丝绳	Φ12	Φ11.64 以下

12. 检查支腿框和伸缩臂的润滑

（1）垂直和水平支腿润滑处是否缺润滑脂（垂直支腿 4 边，水平支腿下方均匀润滑）。

（2）伸缩臂要求润滑处涂润滑脂。

（3）油脂选用锂基润滑脂 ZL －2。

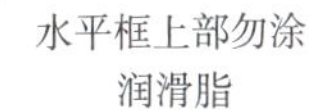

13. 检查回转支承和回转减速器

齿隙的调整：应先松开回转减速器的安装螺栓，通过推力螺栓移动减速器进行调整，齿隙调整值0.2mm以下；间隙调整需专业人员进行操作。

14. 重要定期更换部件基准一览表

根据定期更换周期进行更换

序号	重要定期更换部件的名称		更换周期
1	油脂类	液压油过滤器（吸滤器、高压过滤器、回油过滤器）	1年或1200h
2	液压配件	高压软管（升压用）	1年或1200h
3	小吊部件	小吊纤维缆绳	1年或1200h
4	电器件	动作停止用按键开关	4年或4800h
		限制解除开关	4年或4800h
		作业范围限制用限位开关	4年或4800h
		联锁检测限位开关（工作臂、垂直支腿、行驶部位）	4年或4800h
		接触式传感器（内部的开关）	4年或4800h
		阀操作检测滑动片接触开关	4年或4800h
			4年或40000km *
			8年或9600h
		载荷传感器（测力传感器等）	8年或9600h
		载荷检测限位开关	4年或4800h

注　1.一旦上述部件被认定存在某些问题，哪怕定期更换周期还没有到，也请立即更换。
　　2.有*记号的项目，按照年数或者行驶距离两项当中较早一项进行更换。

15. 定期更换部件推荐基准一览表

被指定为定期更换部件的部件是需要在适当时间进行更换的部件。电器件在工作过程中起着重要的作用，这些部件发生故障的话，将会引起动作不良。另外，油脂类会随着时间的流逝和工作时间的增长而老化，可能对液压机器产生不好的影响，所以适时更换非常重要。

<table>
<tr><th>序号</th><th></th><th colspan="2">定期更换部件的名称</th><th>更换周期</th></tr>
<tr><td rowspan="8">1</td><td rowspan="8">电器件</td><td colspan="2">主操作用（工作臂、行驶用）开关</td><td rowspan="2">4年或4800h</td></tr>
<tr><td colspan="2">（钮子开关、按键开关）</td></tr>
<tr><td colspan="2">下部优先开关（包括应急泵开关）</td><td>4年或4800h</td></tr>
<tr><td colspan="2">自动收回开关</td><td>4年或4800h</td></tr>
<tr><td colspan="2">操纵控制杆以及主操作用电位操纵杆</td><td>5年或6000h</td></tr>
<tr><td colspan="2">脚踏开关（内部的开关）</td><td>4年或4800h</td></tr>
<tr><td colspan="2">开关（行驶、上升）</td><td>4年或4800h</td></tr>
<tr><td colspan="2"></td><td></td></tr>
<tr><td rowspan="2">2</td><td rowspan="2">油脂类</td><td colspan="2">液压油</td><td>1年或1200h</td></tr>
<tr><td colspan="2">减速器齿轮油（回转、小吊、行驶、螺旋）</td><td>1年或1200h</td></tr>
<tr><td>3</td><td>工作斗</td><td colspan="2">安全带挂环</td><td>2年或2400h</td></tr>
<tr><td rowspan="6">4</td><td rowspan="2">发动机
部分</td><td colspan="2">发动机油</td><td>每300h/每200h *</td></tr>
<tr><td colspan="2">滤油器部件</td><td>每600h/每400h *</td></tr>
<tr><td></td><td colspan="2">燃料过滤器部件</td><td>每600h</td></tr>
<tr><td></td><td rowspan="3">冷却水</td><td>长效冷却剂</td><td>每2年</td></tr>
<tr><td></td><td>防冻溶液</td><td>每1年</td></tr>
<tr><td></td><td>冷却水</td><td>每6个月（每年春、秋共2次）</td></tr>
</table>

注 1.一旦上述部件被认定存在某些问题，哪怕定期更换周期还没有到，也请立即更换。
2.有*记号项目的更换周期，因产品而异。

16. 检查液压工具开关

工作斗处“液压工具”开关在外接液压工具时使用，不用时务必保持关闭状态（中位），否则车辆液压系统的温度会异常升高，造成液压软管爆裂漏油和其他零部件的损坏！

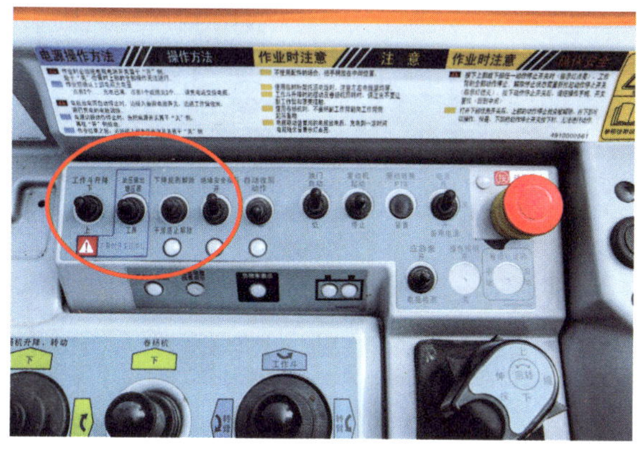

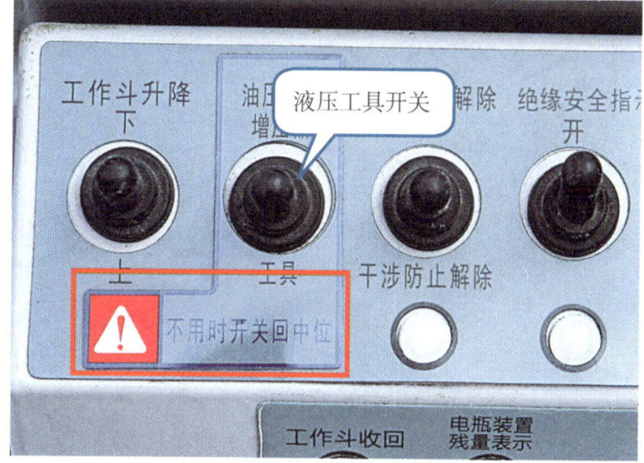

（三）机械性能检查

1. 检查工作斗倾斜度

如工作斗倾斜超过基准（前后约 3° 为基准），则需要进行调整。

2. 工作斗倾斜调整方法

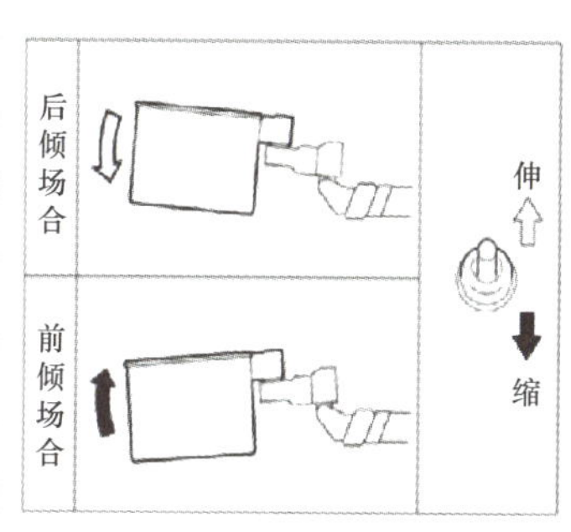

（1）车辆设置在水平坚硬地面，将工作臂移动到容易调整的位置（工作臂设置水平且容易看到工作斗水平状态的位置）。

（2）将转台侧面门内的平衡切换阀的锁定用手柄往左推压的同时将切换手柄拉向面前，这时就切换到倾斜调整侧。

（3）一边按着下部优先开关一边按着臂架伸缩开关进行调整（进行“伸”操作，使工作斗前倾；进行“缩”操作，使工作斗后仰）。

（4）工作斗水平设置完成后，必须将切换手柄完全推压复原，确认锁定用手柄处于锁定状态。锁定用手柄如没有锁定，进行工作臂伸缩时工作斗会发生倾斜，非常危险！

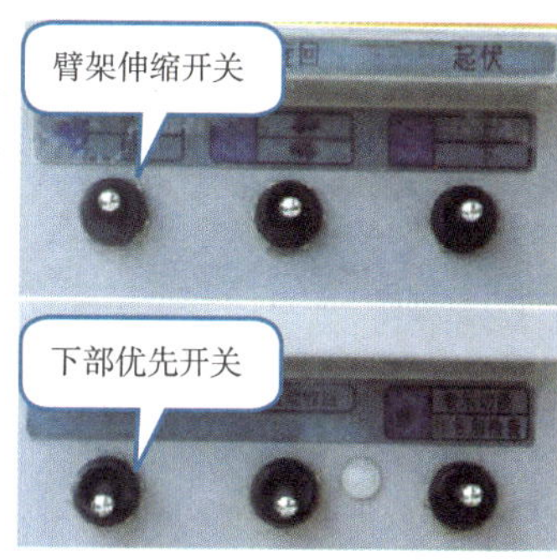

3.检查工作斗托架升降

检查斗托架升降是否灵活，定期涂润滑油。

4.检查小吊臂

检查小吊臂、小吊臂头部有无损伤，如有损伤（长度 50mm 以上，深度 2mm 以上缺陷者）应更换。

5. 检查小吊臂收回固定位

小吊臂固定位置是否牢固，锁定销有无损坏，收回小吊臂时，将小吊臂对准穿入锁定销上，再用锁扣牢靠固定。

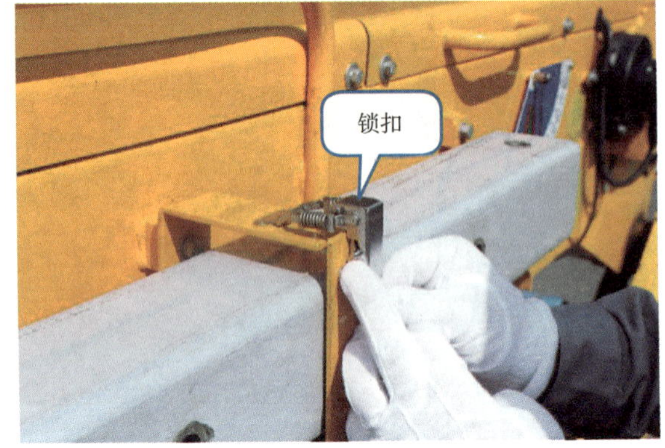

6. 检查小吊装置的收回状态

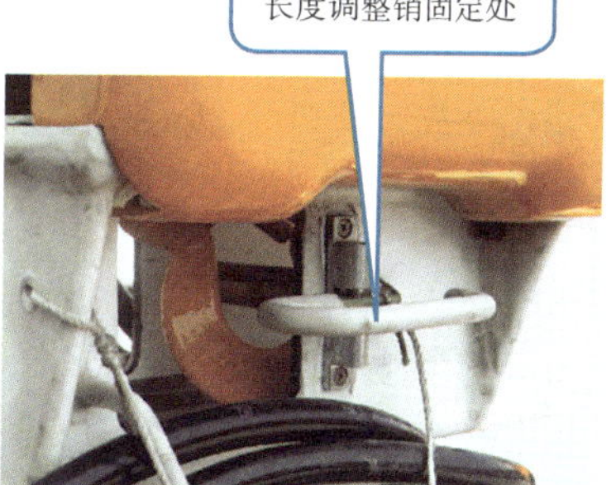

7.检查小吊缆绳

序号	项目	现象	对策
①	铁环	龟裂	目视检查，有龟裂、损伤的要更换
②		磨损、变形	目视检查，有明显磨损或变形的要更换
③	末端处理部位	损伤、散线	有1/2以上散线时，缆绳内部容易脱出，可能引起铁环脱出，应更换
④	指示器（脱指示）（前端为蓝色）	指示器看不见	指示器进入缆绳中已看不见时，说明缆绳内部有脱线或铁环脱出，应更换
⑤	缆绳	外层损伤	目视检查，即使外层只有1根损伤也要更换（毛刺较多处要特别注意）
⑥		内层损伤	通过用手触摸检查，有凹凸的缆绳可能内层已损伤，应更换
⑦		淋湿	缆绳受潮，绝缘性能下降，可能引起触电事故，绝对不要用于接近带电线的作业。与干燥时比较，其抗拉强度下降20%，因此应充分干燥后再使用
⑧	吊钩挡绳器	损伤	目视检查，如有损伤应更换
⑨	钩环	松动	确认螺钉是否确实拧紧，如有松动应拧紧
缆绳属定期更换零件，使用中因受紫外线作用引起材质老化或磨损，强度会下降，根据实际检查情况进行更换			

如果检查发现异常情况，及时更换缆绳。

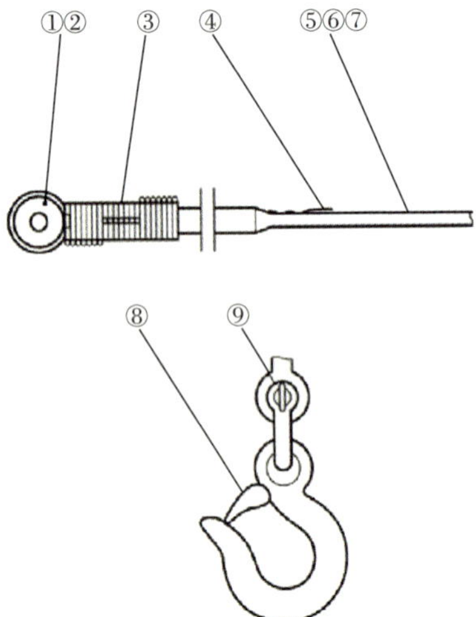

8. 工作斗内积水检查及倒水方法

（1）车辆设置在水平坚硬的地面上，将工作臂向车辆后方移动到大致水平位置，转臂、工作斗如左上图设置。

（2）将转台侧面门内的平衡切换阀的锁定用手柄往左推压的同时将切换手柄拉向面前，这时阀切换为倾斜调整侧。

（3）一边按着下部优先开关一边按着臂架伸缩开关进行“伸”侧操作，使工作斗前倾到底。

（4）进行“降”操作，将工作斗内的水全部排出。

（5）清除工作斗内的水或垃圾等杂物，用干净柔软的布揩拭工作斗内侧。

（6）一边按着下部优先开关一边按着臂架伸缩开关进行“缩”侧操作，使工作斗往后倾，待工作斗设置水平后，将切换手柄完全推压复原，确认锁定用手柄处于推上状态。如手柄不完全复位（没有锁住），工作臂伸缩时工作斗会倾斜。

（7）将升降操作再全程反复操作几次，确认工作斗的平衡状态。

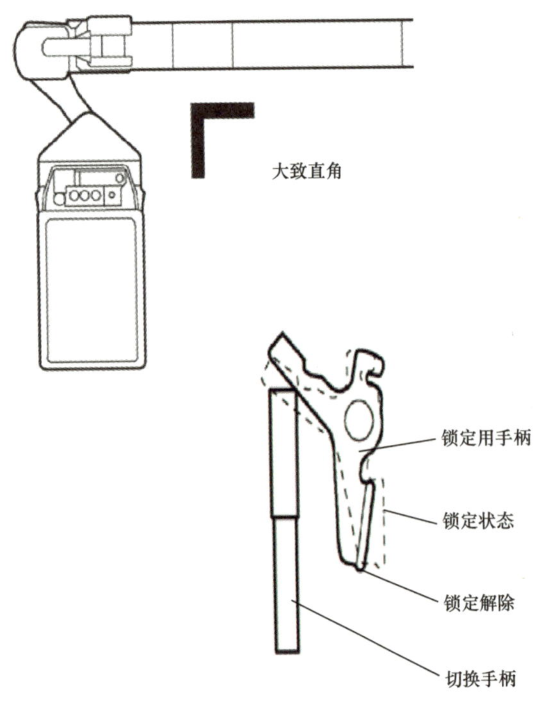
大致直角
锁定用手柄
锁定状态
锁定解除
切换手柄

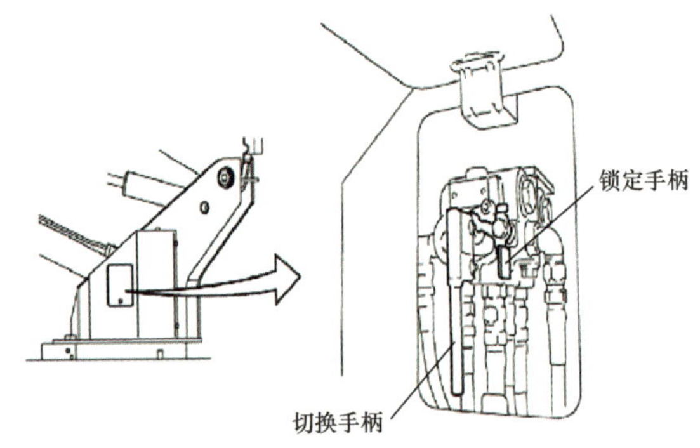
锁定手柄
切换手柄

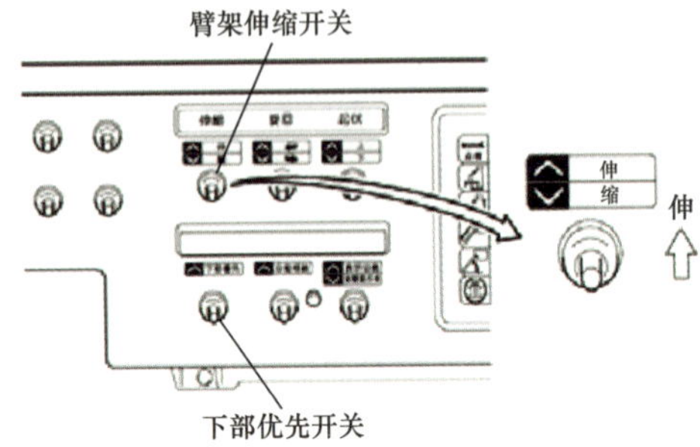
臂架伸缩开关
伸
缩
伸
下部优先开关

9. 检查支腿水平、垂直伸缩动作有无异常

操作支腿水平、垂直伸缩动作，检查有无异常。

检查支腿水平动作

检查支腿伸缩动作

10. 检查工作臂起伏动作有无异常

在下部操作处操作工作臂起伏开关，检查工作臂起伏动作有无异常。

检查工作臂起伏动作

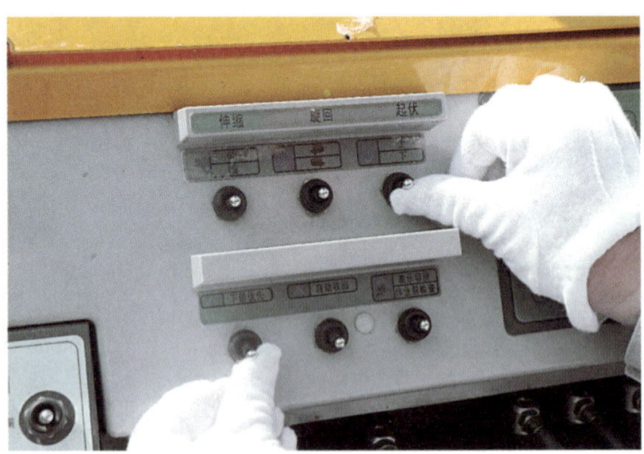

操作工作臂起伏开关

11.检查工作臂伸缩动作有无异常

在下部操作处操作工作臂伸缩开关，检查工作臂伸缩动作有无异常。

检查工作臂伸缩动作

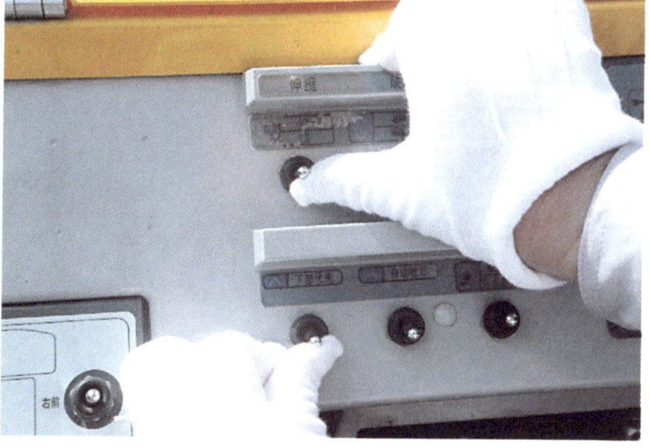

操作工作臂伸缩开关

12.检查工作臂回转动作有无异常

在下部操作处操作工作臂回转开关，检查工作臂回转动作有无异常。

检查工作臂回转动作

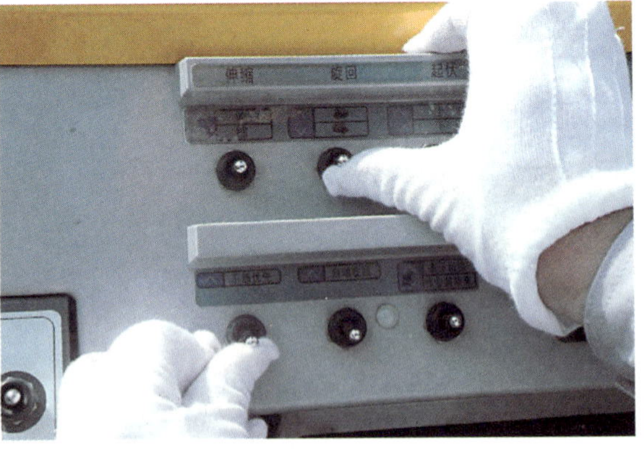

操作工作臂回转开关

13. 检查工作斗升降有无异常

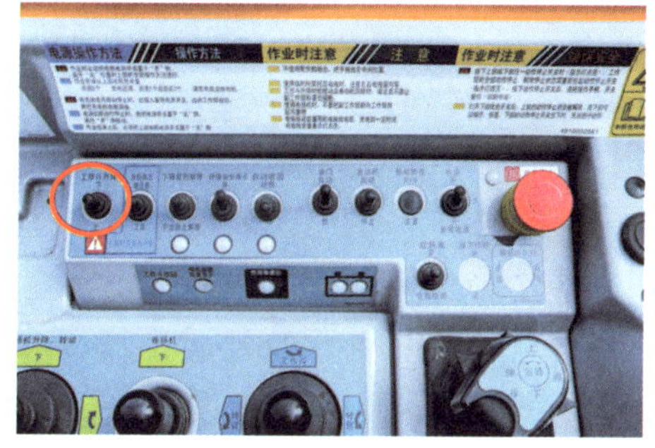

工作斗升降开关

检查工作斗升降有无异常，用工作斗升降开关进行操作，能使工作斗垂直升降500mm。

14. 检查工作斗、转臂回转有无异常

在工作斗处操作工作斗和转臂手柄，检查工作斗和转臂回转有无异常。

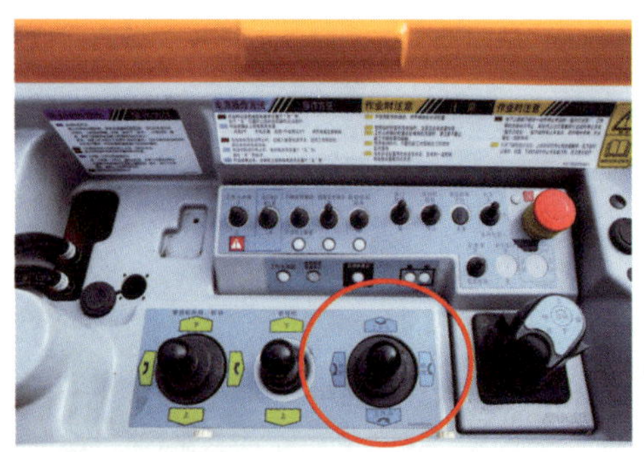

15. 检查小吊升降和回转有无异常

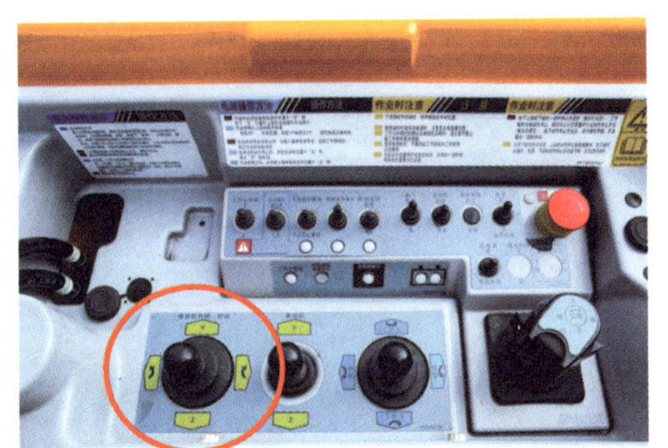

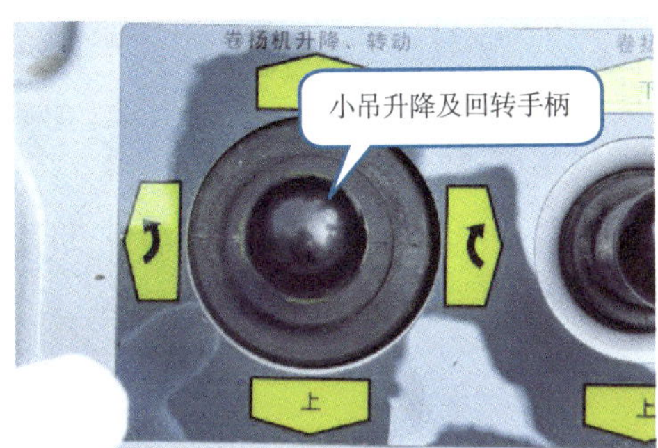

在工作斗处操作小吊升降和小吊回转手柄，检查小吊升降和小吊回转有无异常。

16. 检查底盘与副大梁连接处有无异常

（1）检查骑马螺栓固定有无松动，保证高空作业及行驶的稳定性。

（2）检查底盘大梁的连接件有无松动，保证车辆正常运作。

17. 检查发动机起动停止开关

起动发动机时，按下发动机起动开关时间不要持续 10s 以上，否则会使起动马达损坏。作业前检查起动、熄火是否正常。

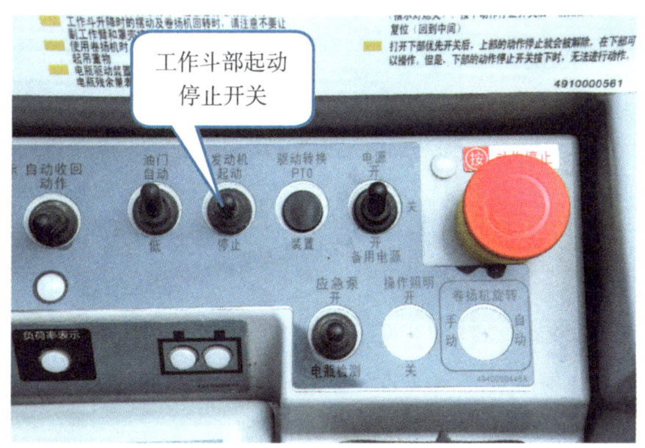

18. 检查垂直支腿接地后有无异常

四个垂直支腿接地后检查指示灯是否常亮。

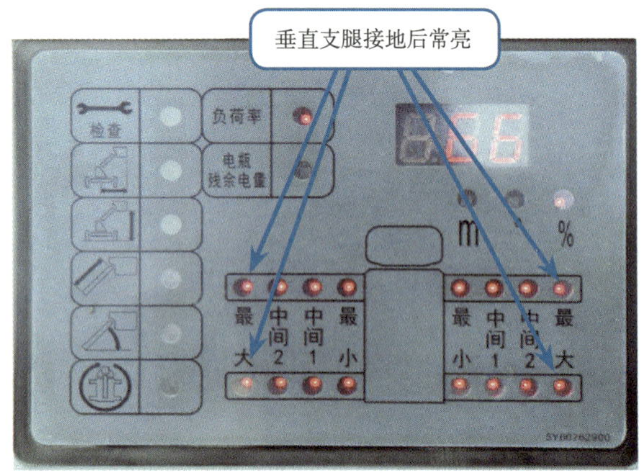

（四）安全保护确认

1. 接地线确认

检查接地线有无外层护套破损、断股及腐蚀等现象。

2. 互锁确认

确认支腿未伸出的情况下，按住“下部优先”和“起伏升”动作时，工作臂不能起伏升。

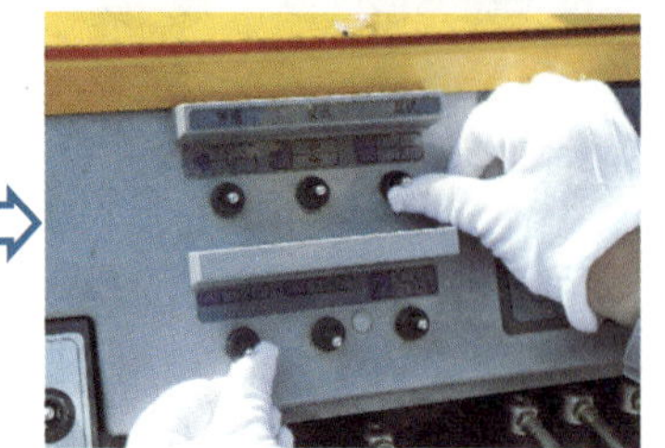

确认垂直支腿接地后，操作“起伏升”动作，工作臂只要离开臂托架一点，再操作垂直支腿收回，垂直支腿不能动作。

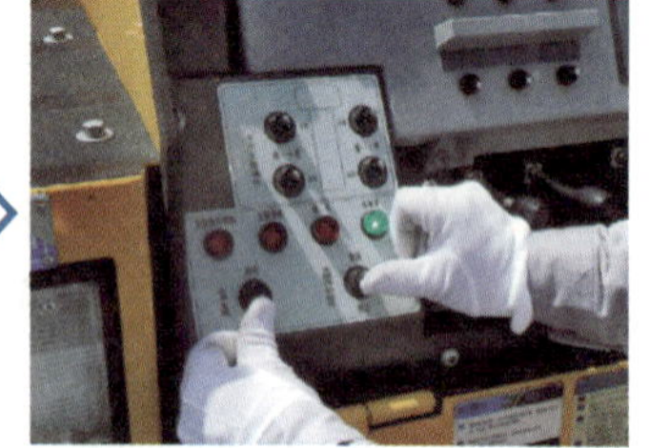

3. 绝缘测试性能确认

检查绝缘斗臂车定期检验标识。

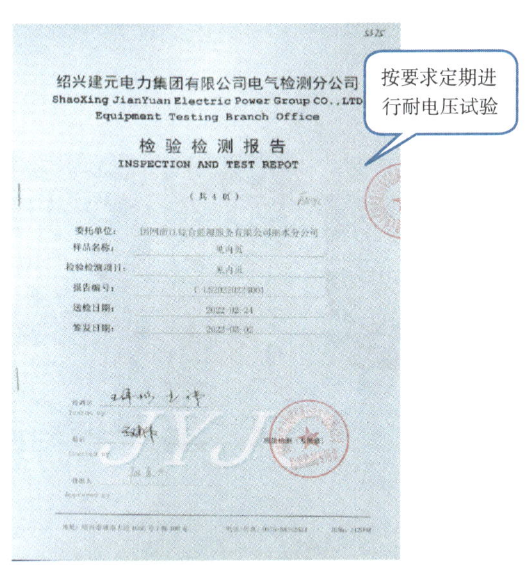

绍兴建元电力集团有限公司电气检测分公司
ShaoXing JianYuan Electric Power Group CO.,LTD
Equipment Testing Branch Office

检验检测报告
INSPECTION AND TEST REPOT

（共4页）

样品名称：见内页
检验检测项目：见内页
送检日期：2022-02-24

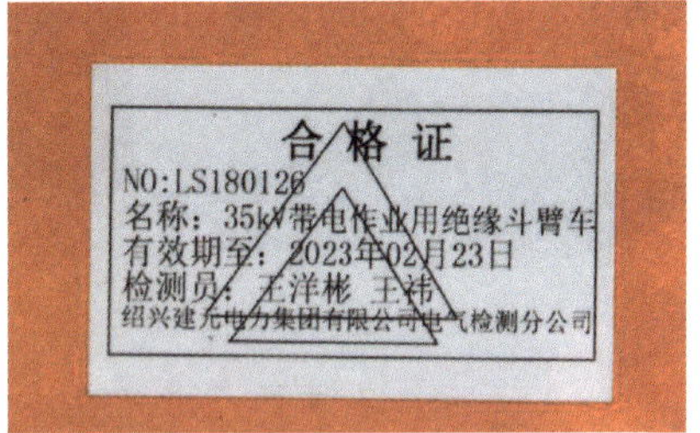

4. 备用电源开关确认

因上部电瓶电压下降而无法进行上部操作时，起动备用电源开关紧急下降用，下降后将斗部电池与下部电池进行就地更换。

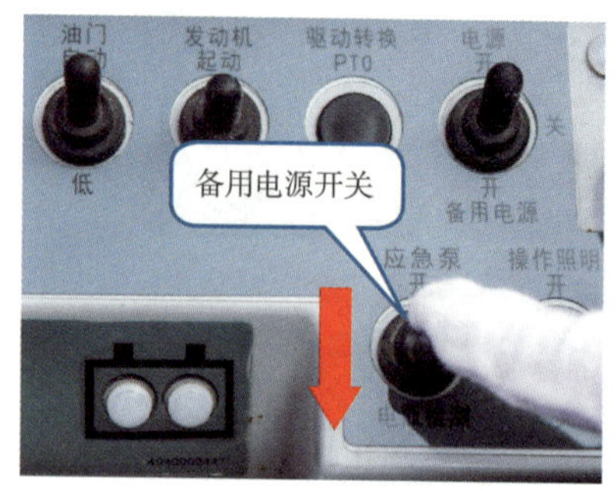

5. 支腿滑出防止装置确认

检查支腿滑出防止装置有无变形、松动的现象。该装置是为了防止车辆在行驶过程中，由于振动及惯性力的作用使支腿滑出。

6. 应急泵装置确认

车辆可以正常操作情况下，在转台处或工作斗处操作“发动机停止”开关，使车辆处于熄火状态，再操作“应急泵”开关，确认应急泵是否工作。应急泵动作应有响声。

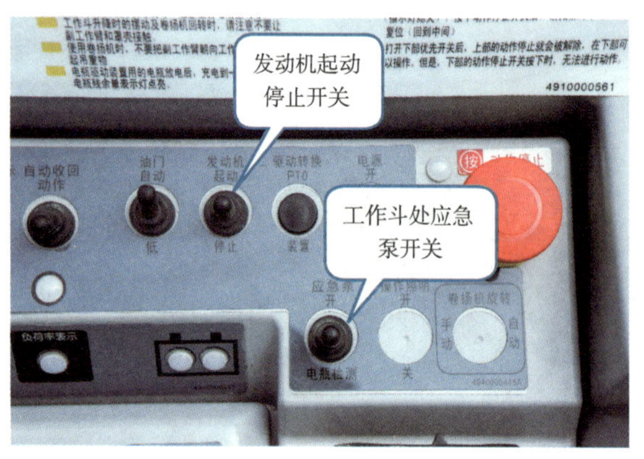

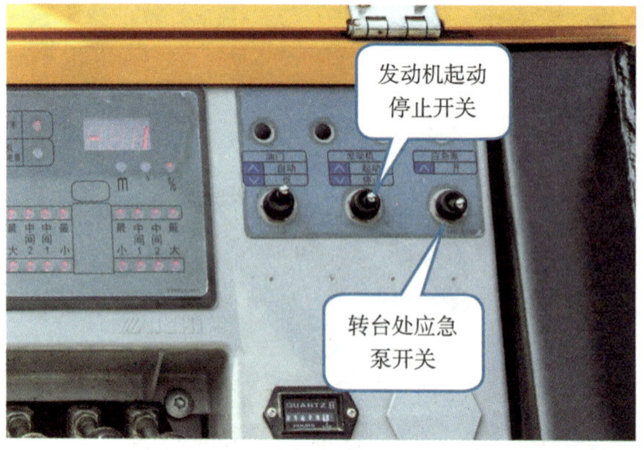

7. 确认起伏、伸缩、支腿、工作斗有无自然下降

确认起伏、伸缩、支腿、工作斗有无自然下降，如下降严重，应维修后再使用！

名称	主要作用
工作臂起伏安全装置（平衡阀）	软管破损时，防止工作臂自然下降
工作臂伸缩安全装置（双向平衡）	软管破损时，防止工作臂自然回缩
工作斗平衡安全装置（平衡阀）	软管破损时，防止工作斗自然下降
垂直支腿伸缩安全装置（双向液压锁）	软管破损时，防止垂直支腿自然下降

8. 确认下部超载防止装置

检查超载防止装置有无损坏，破损，负荷率指示灯、数字显示屏等有无指示现象（未超载指示灯不亮除外，即负荷率90%以下）。

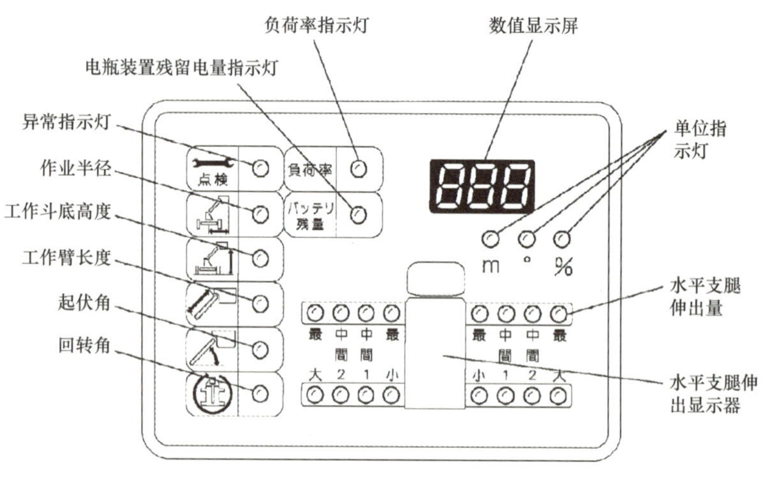

画面表示

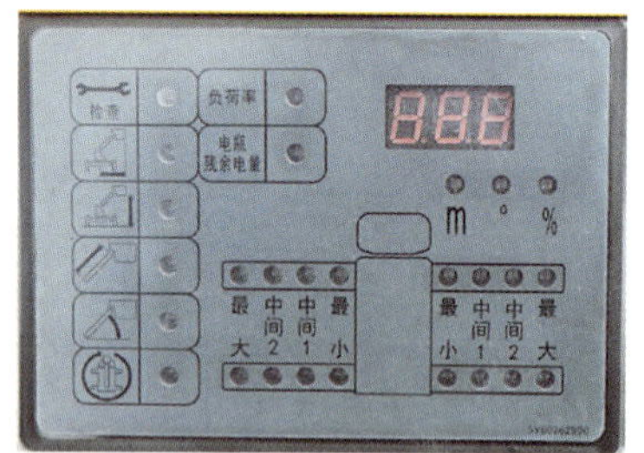

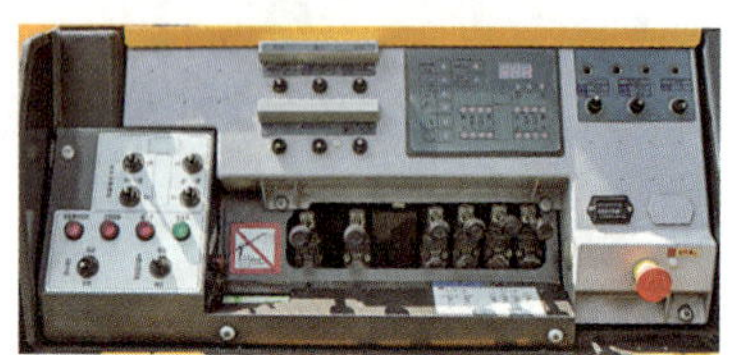

9. 确认上部超载防止装置

检查超载防止装置有无损坏，破损，负荷率指示灯有无不指示现象（未超载指示灯不亮除外，即负荷率90%以下）。

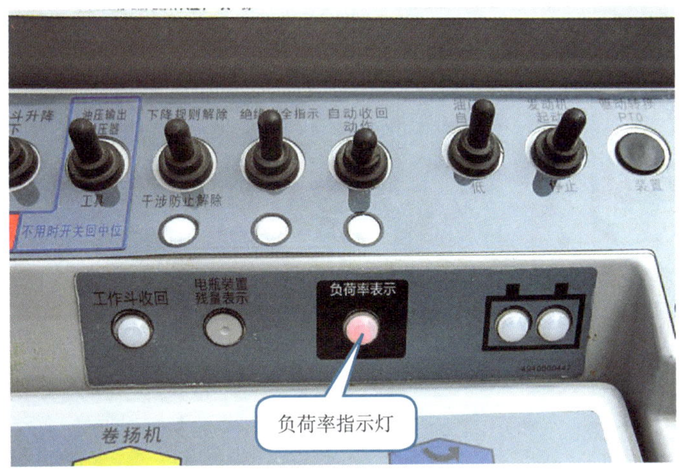

负荷率		
90% 以下	90% 以上 100% 以下	100% 自动停止
○ 熄灭	(红) 闪烁	(红) 点亮

10. 工作臂防止干涉检查确认

干涉防止功能起作用时，在设定区域（驾驶室上方、驾驶室侧面、工具箱上方、支腿上方）工作臂会自动停止。此时，工作斗处干涉防止指示灯会点亮。

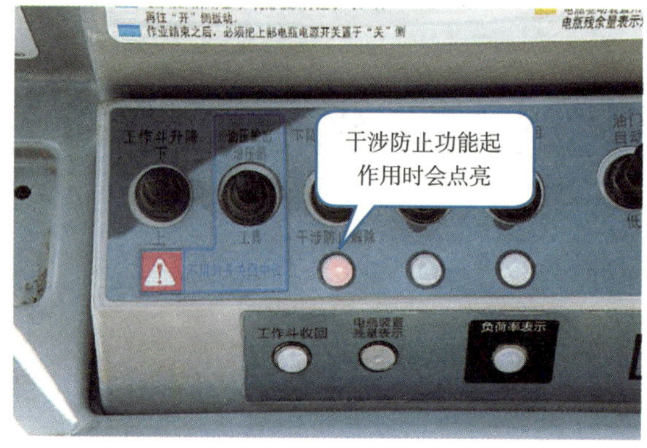

11.液压锁平衡阀检查确认

液压锁缝隙和油管有无渗油，固定螺栓有无松动。

12. 工作斗收回检测互锁装置确认

斗托架活动框与固定横档间距在50mm左右。该装置用于检测行驶时的工作斗浮起和过度压紧情况，防止车辆破损。

13. 检查确认自动停止及复原方法

（1）提升工作臂。

（2）缩回工作臂。

（3）减轻或卸下起吊物。

（4）回转到前方或后方领域内（限回转操作停止时）。

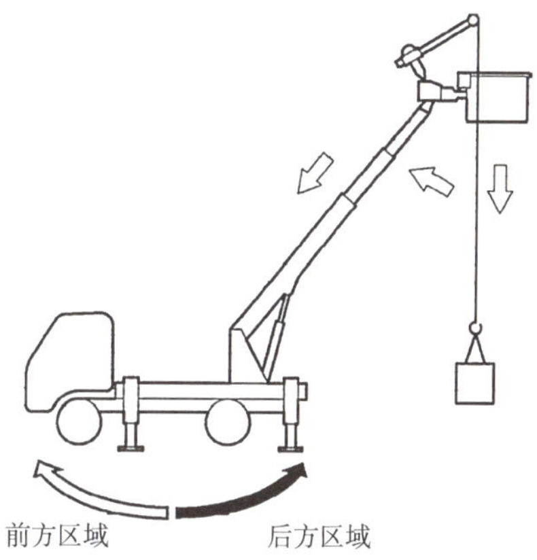

Part 2

应急操作篇

一 应急操作

1. 应急泵的使用条件

（1）作业人员在高空作业过程中，由于发动机或泵故障等原因无法进行操作时，为了把作业人员安全下降到地面时才能使用应急泵。

（2）应急泵借助底盘的电瓶进行动作。

（3）应急泵在装配有发动机或装配电瓶型低噪声装置的车型中，属于选装件。

2. 应急泵使用注意事项

（1）动作时间 1 次应在 30s 以内，下次动作要间隔 30s 以后再进行。

（2）不要在常规作业（含有大负荷作用状态）中使用或不按照以下流程规定使用应急泵，否则会引起应急泵损伤或马达烧伤。

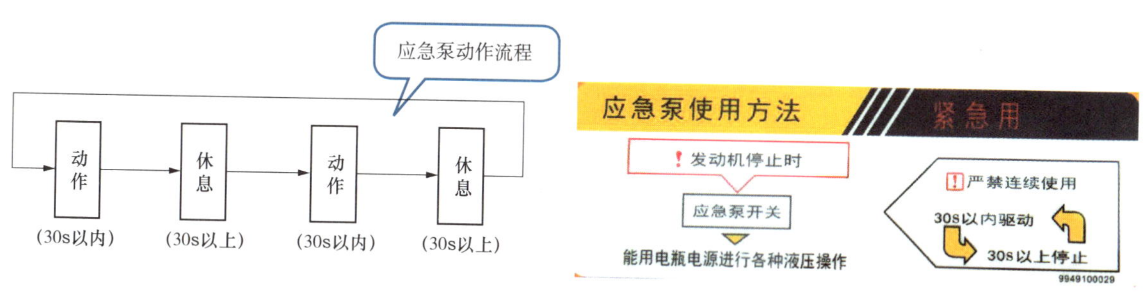

3.应急泵的使用方法

（1）使用应急泵开关操作。

（2）只有将应急泵开关置于“开”的时间内，应急泵动作，然后才能进行各开关、手柄的操作。

（3）作业人员在高空作业过程中，由于发动机或泵故障等原因无法进行操作时，为了把作业人员安全下降到地面时才能使用应急泵。

（4）应急泵借助底盘的电瓶进行动作。

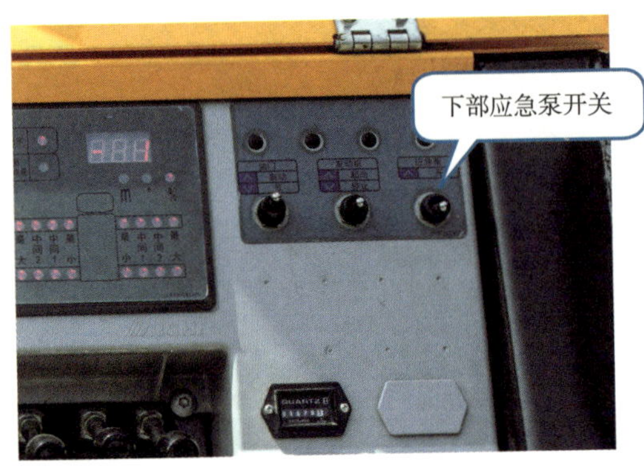

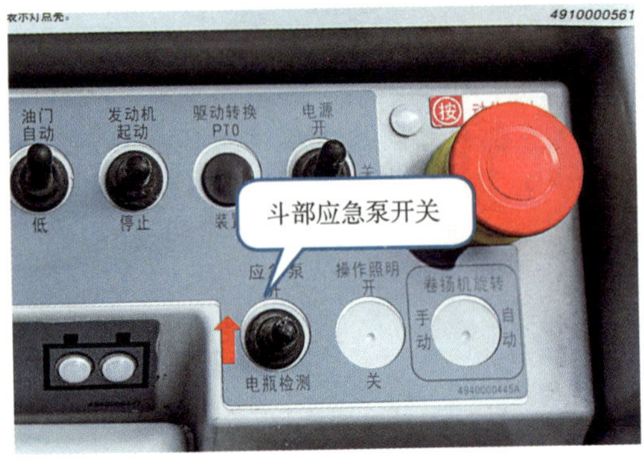

4. 将工作臂临时收回给斗部充电

（1）工作斗部小电瓶无电，又无法更换电瓶时，可以在下部操作处操作将工作臂收回。

（2）将工作臂放在托架上（或压住托架行程开关），临时充电。

（3）临时给工作斗小电瓶充电。为了底盘电瓶不亏电，建议将底盘发动机发动充电。

5. 工作斗处与车辆左侧工具箱内的小型电瓶对换

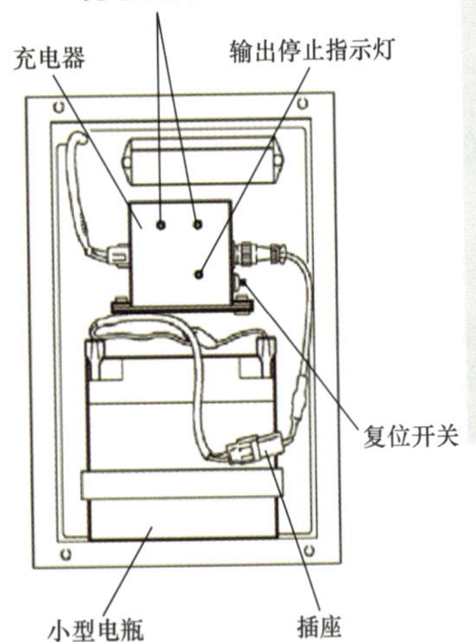

指示灯状态	充电状态
全部不亮	完全充电
1 个点亮	半 充 电
2 个点亮	未 充 电

上部操作用小型电瓶虽然会在工作臂收回状态下自动充电，但自动充电量尚不足而须立即进行作业时，应按以下要领更换电瓶：

（1）卸下工作斗下部罩壳，卸下与插座连接的上部操作用电瓶插头，再卸下电瓶。

（2）用车辆左侧工具箱内的充电完毕的小型电瓶更换，将从工作斗下部取下来的小型电瓶与工具箱内的电瓶充电用插座连接充电。

（3）小型电瓶的充电状态由充电器上指示灯表示。

6.故障时工作臂无法收回的处理方法

（1）此开关只在超载防止装置发生故障时使用。

（2）装置发生故障时，对上部操作装置而言负荷率指示灯、工作臂干涉规制指示灯会点亮，动作停止指示灯闪烁；对下部操作装置而言动作停止指示灯闪烁，在超载防止指示器的显示器上有误差警告指示。

（3）应急开关操作中，也有可能往危险侧(翻倒侧)动作，所以操作时注意不要超出作业范围。

处理方法

（1）由于超载防止装置故障，使得工作臂不能收回时，应卸下下部操作装置处附属的橡胶盖，接通应急开关并同时进行常规操作将工作臂收回。

（2）使用应急开关操作时，报警蜂鸣器会持续发出“滴滴滴”的报警声，是为了提醒注意。应急开关使用后，务必将附属的橡胶盖安装至原位。

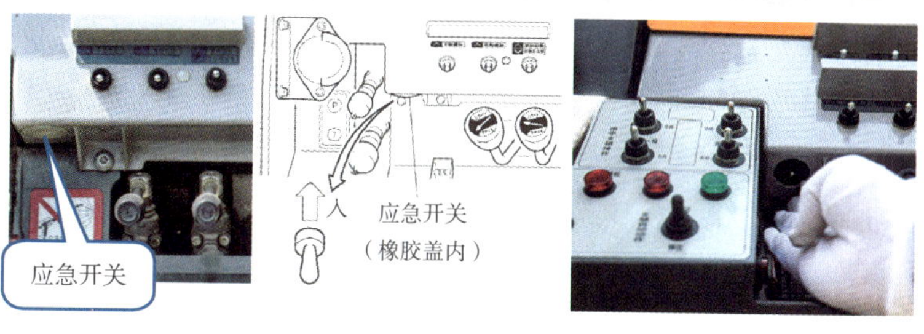

7. 互锁解除开关使用方法

（1）除应急状态外不要解除互锁，否则有翻车的危险。

（2）将互锁解除开关拨往“工作臂”侧时，即使支腿未设置，也能操作工作臂，但有造成车辆翻车的危险。因此，将互锁解除开关拨往“工作臂”侧时，务必将支腿设置牢固。

（3）因有互锁装置故障，即使互锁解除后也要终止作业，到就近的厂家服务中心检修。

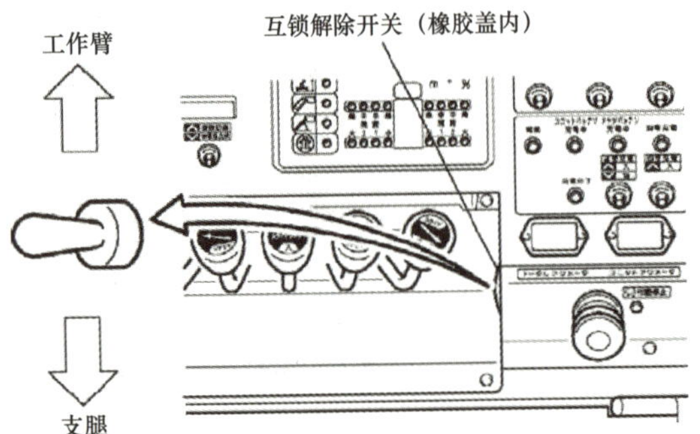

由于支腿或工作臂互锁装置故障，无法使车辆收回时，可以解除互锁，视情况按以下方法操作：

（1）作业中无法进行工作臂操作时，将互锁解除开关拨往“工作臂”侧，同时收回工作臂。

（2）即使工作臂收回，支腿也无法收回时，将互锁解除开关拨往“支腿”侧，同时收回支腿。

8. 备用电源收回工作臂

（1）使用备用电源开关操作。

（2）上部操作时，工作斗处小型电瓶没电后，将无法进行工作臂操作。这时将备用电源开关置于“开”的同时，按照常规操作将工作臂收回。用下部工具箱内已充好电的小型电瓶进行更换。

（3）备用电源开关在通常作业时不要使用，使用频率过高，会造成上部操作动作完全无法进行。

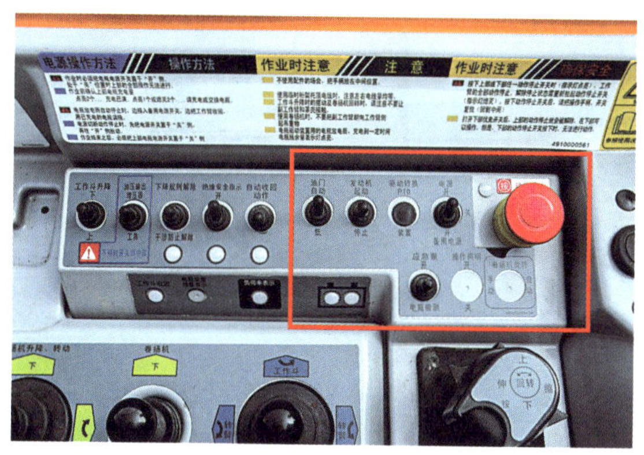

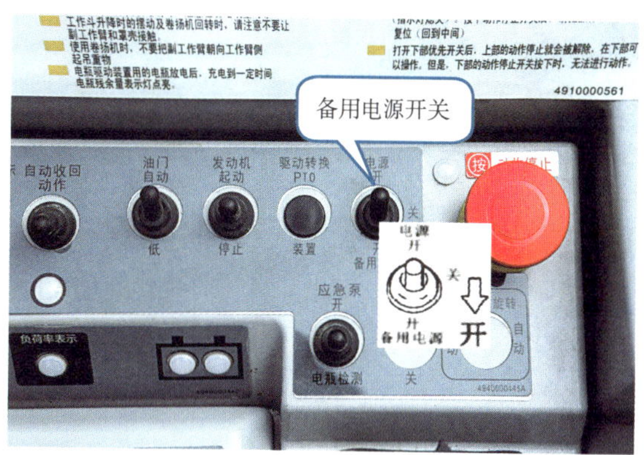

9. 平时备用一些常用的保险丝和扳手

平时在车上准备一些保险丝和拆绝缘罩壳的扳手，实现有备无患。

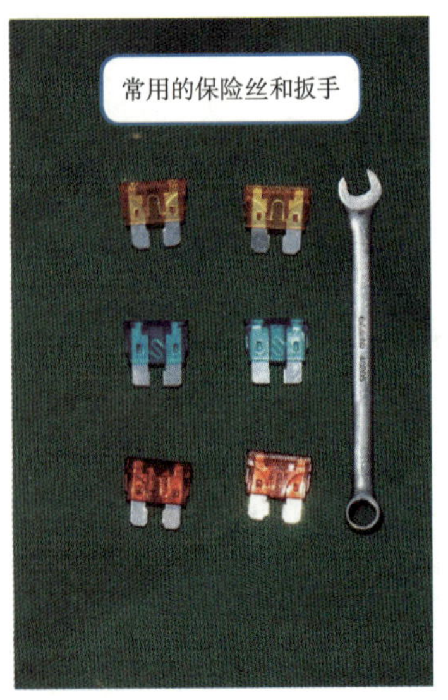

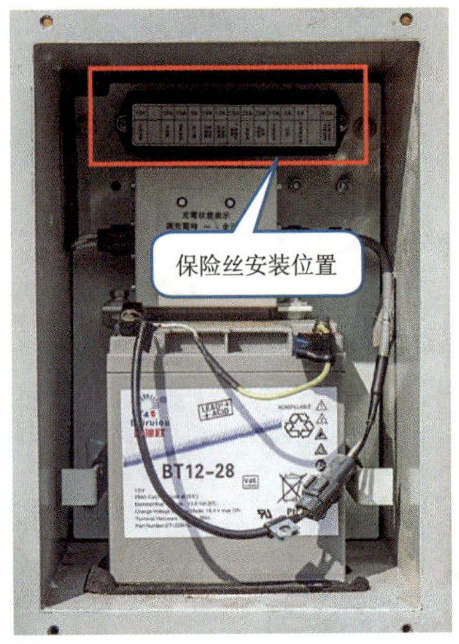

二 常见故障排除

1. 支腿无法进行操作故障排除方法

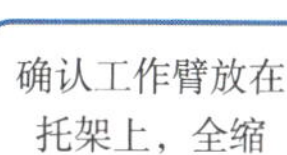

支腿无法进行操作

确认工作臂放在托架上，全缩

检查紧急停止开关有无接通

确认工作斗已收回，放在托架上

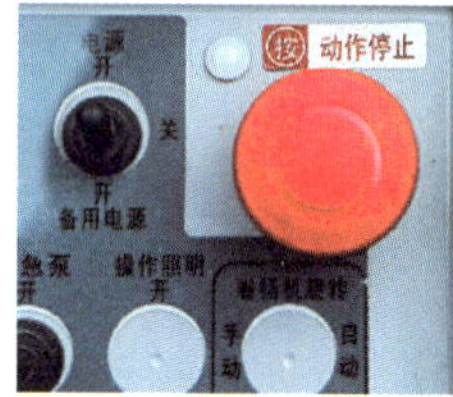

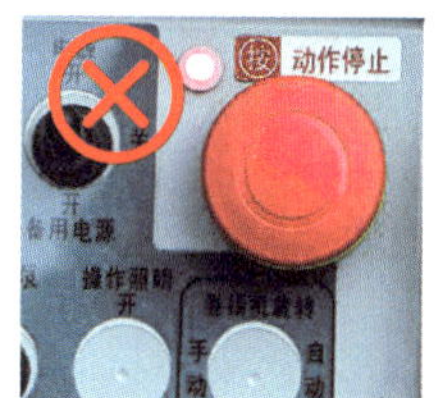

2. 上部无法操作各动作的确认项及排除方法

上部无法操作各动作的确认项及排除方法

序号	确认项	排除方法
1	驾驶室里的电源开关在未接通状态下	接通驾驶室里的电源开关
2	下部操作处动作停止开关在接通状态下	将下部操作处动作停止开关拔出
3	上部操作处电源开关在未接通状态下	接通上部操作处电源开关
4	上部操作处电源开关已接通，但上部操作处动作停止开关在接通状态下	上部操作处电源开关已接通，但不要接通上部操作处动作停止开关
5	上部操作部位电瓶电压降到规定值以下（电量不足）	（1）用备用电源开关收回工作臂，再更换电瓶； （2）由地面人员在下部操作处操作收回工作臂，再更换电瓶
6	4根垂直支腿未着地	4根垂直支腿着地且支撑牢固

3. 打开上部电源，蜂鸣器就响

收回时防止忘记切断电源用的蜂鸣器，如在工作臂收回状态下电源开关处于接通时蜂鸣器会响，应进行起伏操作，将工作臂从工作臂托架提起时蜂鸣器会停止发出声响。

报警声提示

（1）收回时关闭电源。

（2）小电瓶充电正常。

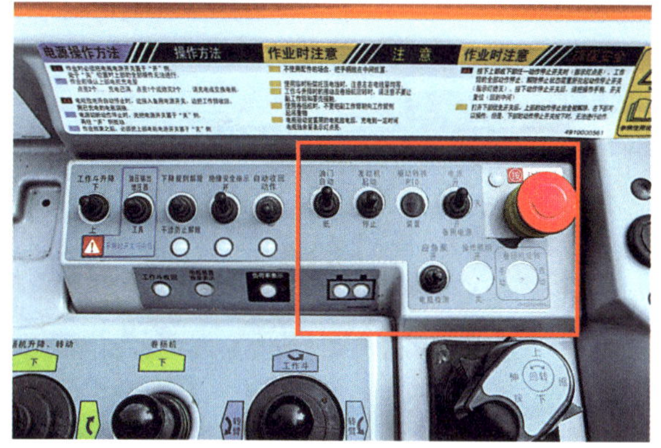

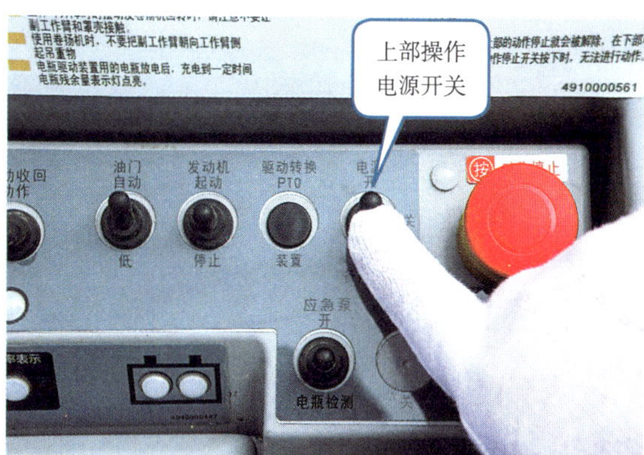

4. 接通自动收回，工作臂不动的排除方法

（1）将工作臂起伏角度设定在设定角度以上，将工作斗设定为收回位置，回转位置要偏离收回位置（工作臂托架），此时如处于可自动收回的位置，自动收回指示灯点亮，并且在超载防止指示器上出现指示。

（2）确认是否在干涉规制范围停止。

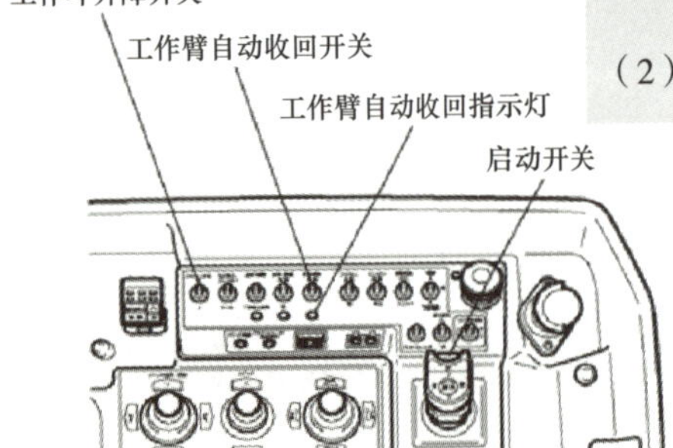

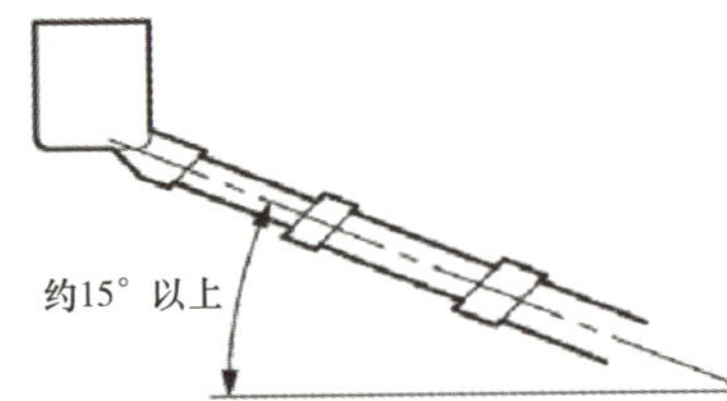

自动回收的条件

（1）工作臂的起伏角度应该大于15°。

（2）工作臂的回转角度在0°～2°和12°~360°之间。

（3）工作斗处电源开关接通（不接通则无法进行工作斗与转臂的自动回收）。

5. 在下部操作自动收回，工作斗与转臂不动作的排除方法

在下部操作自动收回时，工作斗与转臂没有收回，工作臂直接降到托架上面。

下部操作“自动收回”时，确认斗部电源是否打开，否则工作斗“摆动”及“转臂”不动作。

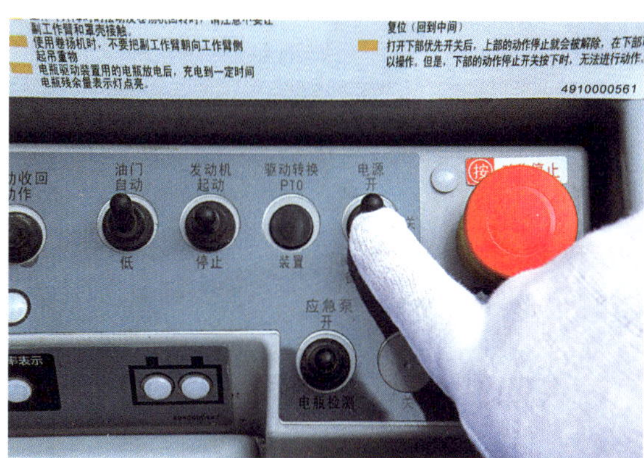

6. 操作工作臂时只有起伏升的动作，起伏降、伸缩、回转不动作的排除方法

支腿牢固着地之后，操作上部动作，工作臂只有起伏升的动作，起伏降、伸缩、回转不能动作时，须确认工作斗托架有无正常抬起。

7. 不在作业范围规制区，工作臂停止动作的排除方法

工作臂防碰撞功能起作用，则工作臂接近驾驶室、工具箱时，会自动停止。如工作臂干涉防止装置作用停止时，干涉防止指示灯亮。在干涉防止起作用时，如想继续作业，可以使用工作臂、工作斗干涉防止解除开关，操作干涉防止解除开关后进行工作臂操作时，应特别注意不使碰撞发生。

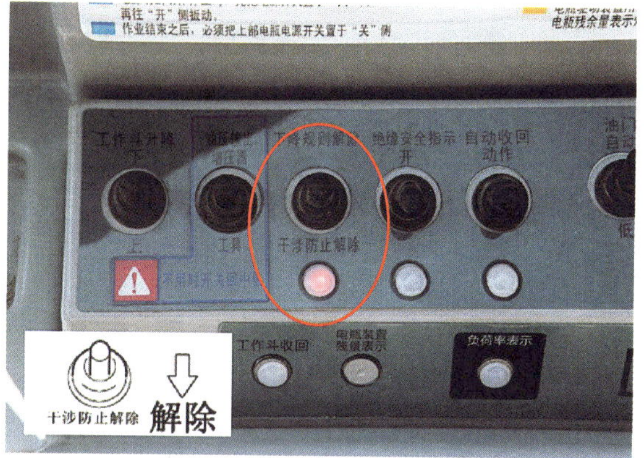

8. 操作工作臂时发动机停止，工作臂无法操作的排除方法

在驾驶室内关闭操作电源开关，将发动机停止，再次起动发动机，打开操作电源开关，下部支腿操作阀处故障代码E61会消除。

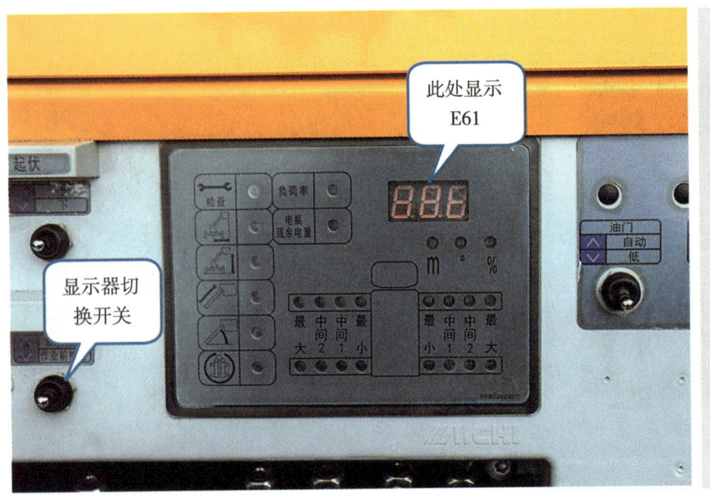

在作业前检查开关接通情况下，进行常规的工作臂操作，如超过作业前检查时的动作范围，发动机会停止，指示器将显示误差代码「E61」。接通显示器切换开关，指示器回到初始画面。通过驾驶室内关闭操作电源开关，将发动机停止，再次起动发动机，打开操作电源开关，下部支腿操作阀处故障代码E61会消除。之后可再进行常规的工作臂操作。

9. E19/E20故障代码的排除方法

下部支腿操作阀处故障代码显示：E19/E20。

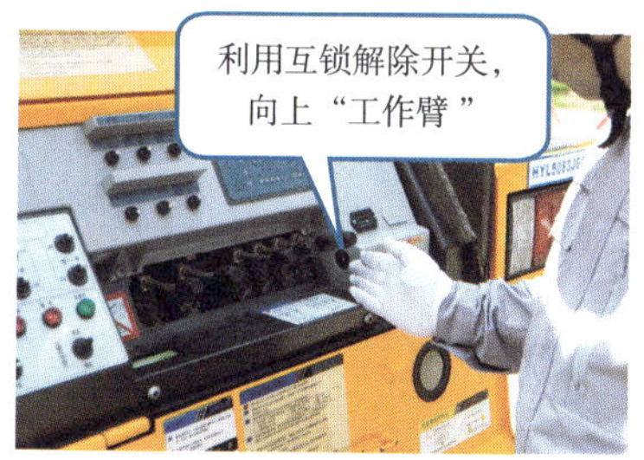

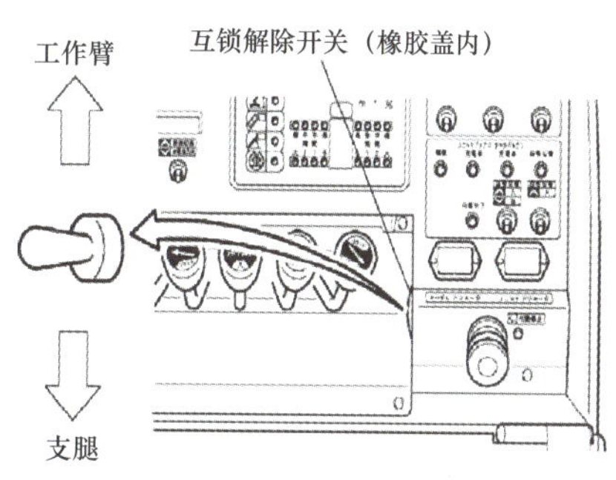

（1）出现代码之后，通过驾驶室内关闭操作电源开关，将发动机停止，再次起动发动机，打开操作电源开关后，确认没有代码。

（2）在支腿不接地情况下，利用“互锁解除”开关，将开关打到工作臂侧。

（3）一边按着互锁解除开关，一边操作起伏升动作，使工作臂离开托架即可。然后再将工作臂放到托架，重新操作支腿可以正常工作。

10. 作业前检查显示E61故障代码

始业点检界限范围：

（1）起伏角：5~15°　。

（2）行程：-100~100mm。

（3）回转角：4~14°　。

（4）臂架力矩：± 0.5ton·m。

（5）跨距：-20~20mm。

检查过程中如发现超出范围，不可继续使用，须联系厂家售后进一步检查。

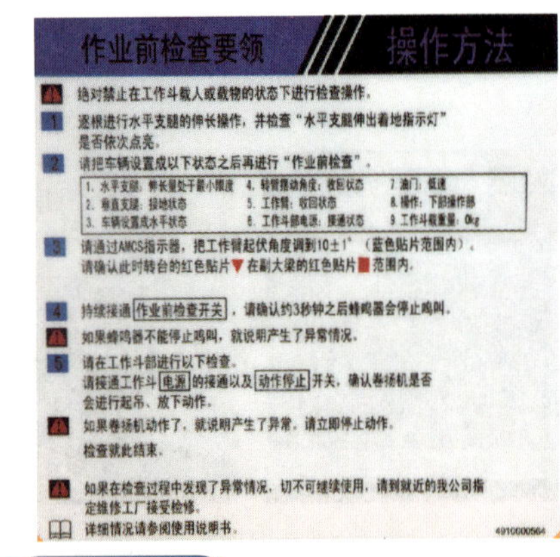

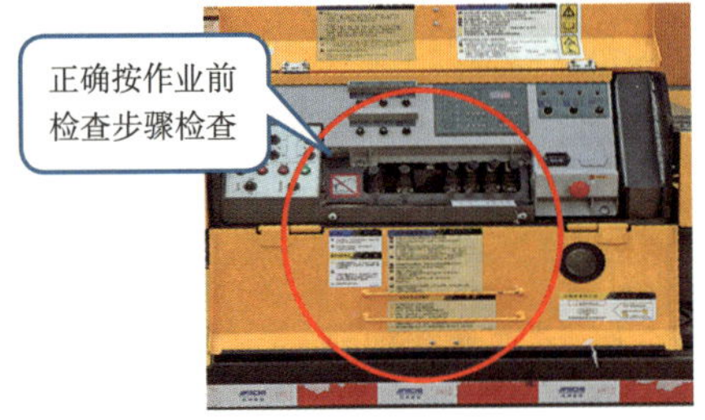

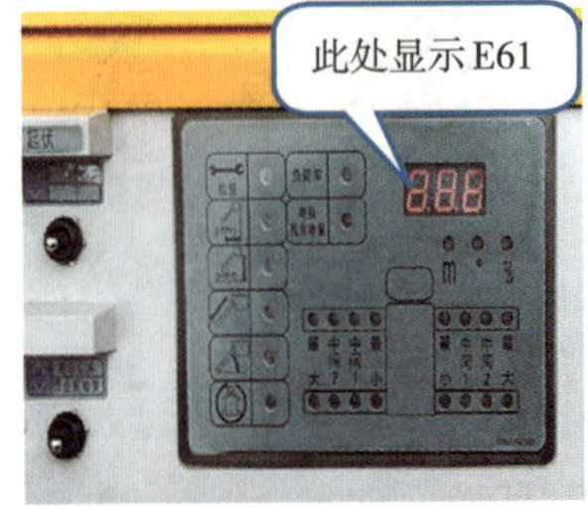

11.起伏传感器故障代码显示

当出现E6/E7故障代码，检查起伏传感器螺栓有无松动，电线有无破损，表面有无明显损坏。检查都正常的情况下，须联系厂家售后进行处理。

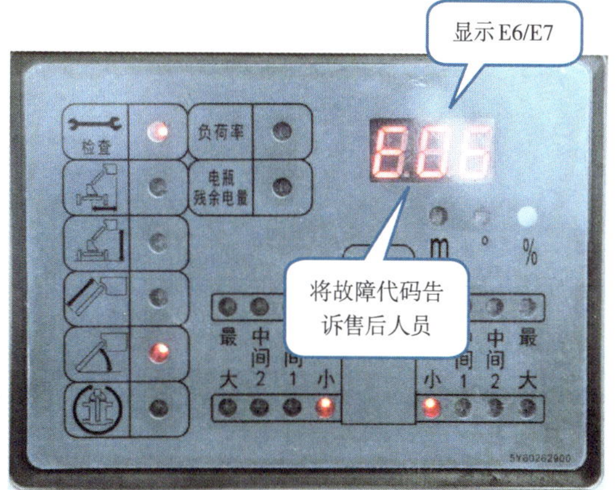

12. 长度传感器故障代码显示

当出现E8/E9故障代码，检查长度传感器螺栓有无松动，电线有无破损，表面有无明显损坏，钢丝绳有无缠绕。检查都正常的情况下，须联系厂家售后进行处理。

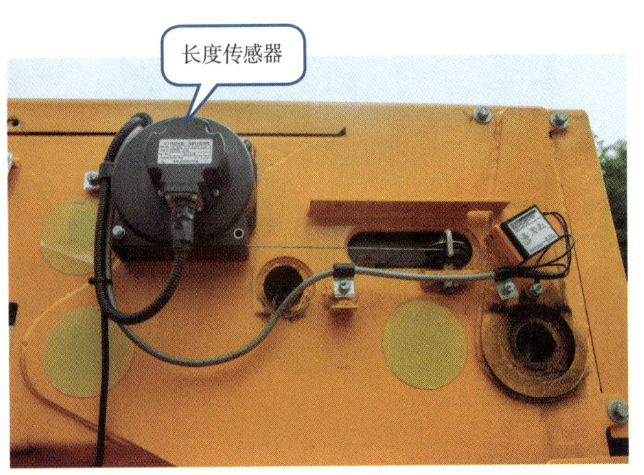

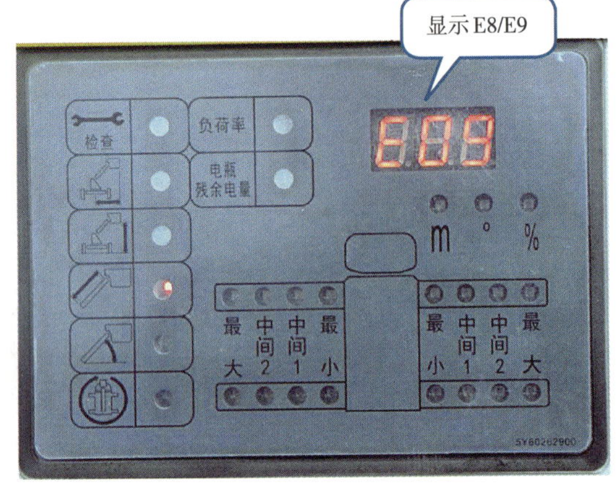

13. 回转传感器代码显示

当出现E13/E14故障代码，检查回转传感器表面螺栓有无松动，有无进水，电线有无损坏，表面有无明显损坏。检查都正常的情况下，须联系厂家售后进行处理。

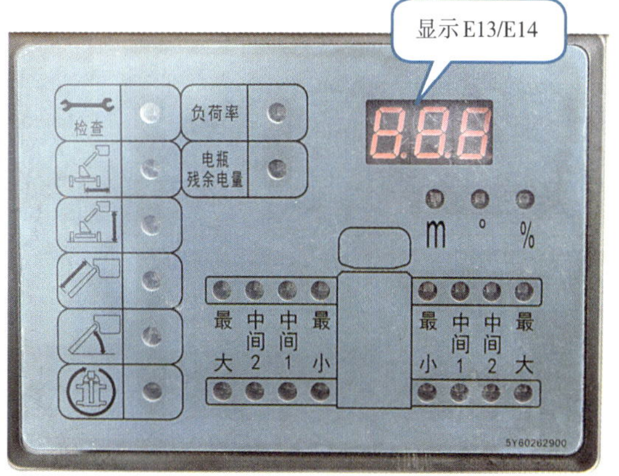

14.轴力传感器故障代码显示

当出现E51/E52、E10/E11、E17/E18故障代码，为轴力传感器故障，检查电线有无损坏，表面有无明显损坏。检查都正常的情况下，须联系厂家售后进行处理。

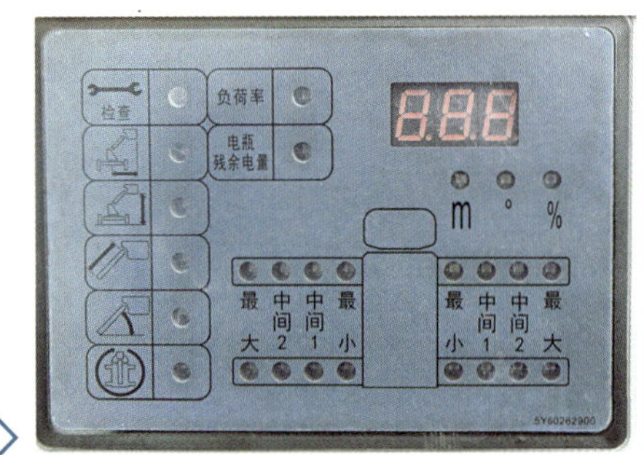

E51/E52

E10/E11

15. 支腿涨幅传感器故障显示

当出现E39~E50故障代码，检查支腿涨幅传感器螺栓有无松动，电线有无破损，表面有无明显损坏，钢丝绳有无缠绕。检查都正常的情况下，须联系厂家售后进行处理。

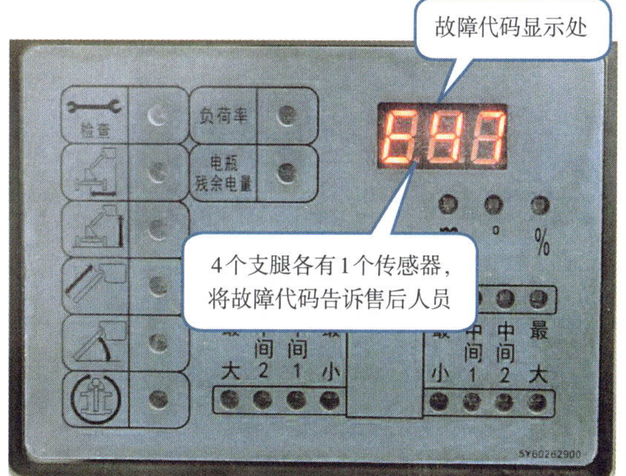

16. 其他故障代码

其他故障代码，根据显示内容应联系厂家售后处理。

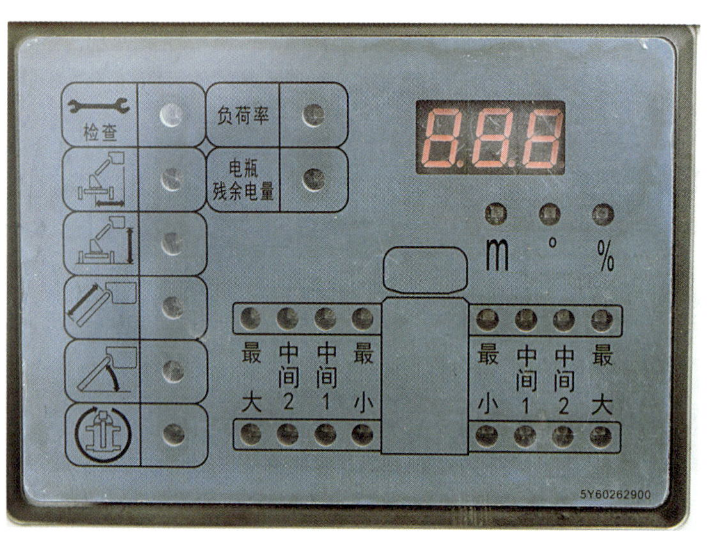

三 应急救援

1. 发动机、总泵故障时，将车辆收回

（1）使用应急泵开关操作。

（2）只有将应急泵开关置于“开”的时间内，应急泵动作，然后才能进行各开关、手柄的操作。

（3）作业人员在高空作业过程中，由于发动机或泵故障等原因无法进行操作时，为了把作业人员安全下降到地面时才能使用应急泵。

（4）应急泵借助底盘的电瓶进行动作，使用时注意中间休息。

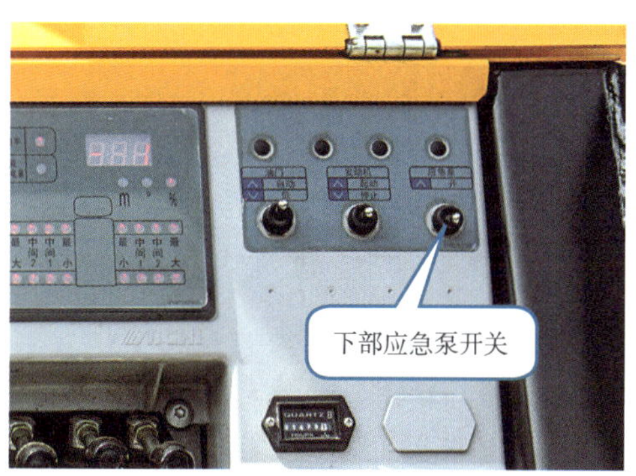

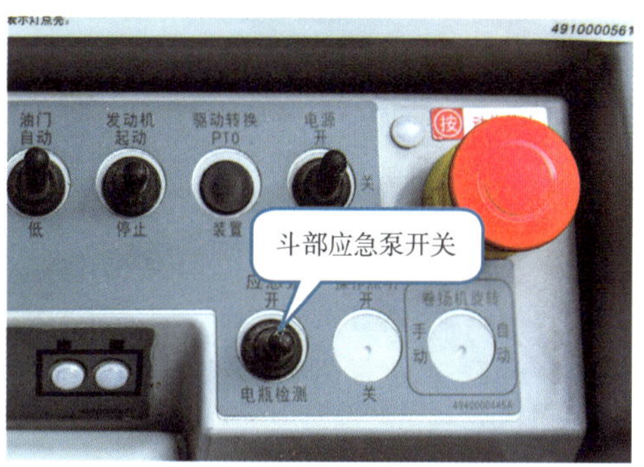

2. 整车没电的情况，将工作臂收回

（1）测量手动操作用螺钉的凸出尺寸，并做好记录。

（2）将互锁装置切换到工作臂侧。将垂直支腿操作部的互锁切换开关设到工作臂侧，或者在按住垂直支腿阀电磁阀2（工作臂侧）的手动操作部的同时，松开主控制阀的锁紧螺母，用六角扳手（对边距离3mm）向右转动手动操作用螺钉，将其拧进去。

（3）作业结束之后，必须将手动操作螺钉恢复到之前测量的位置，并紧固锁紧螺母。

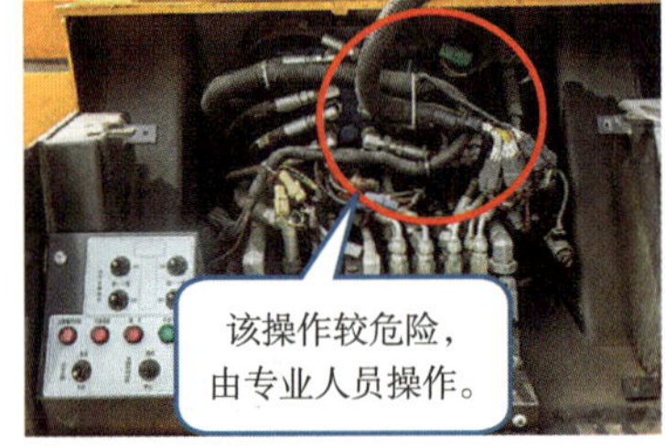

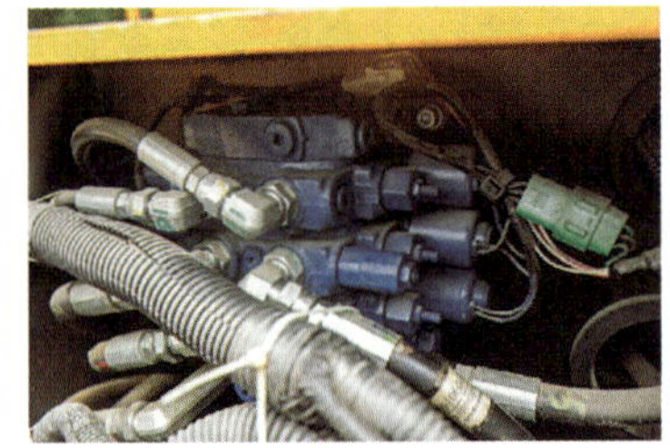

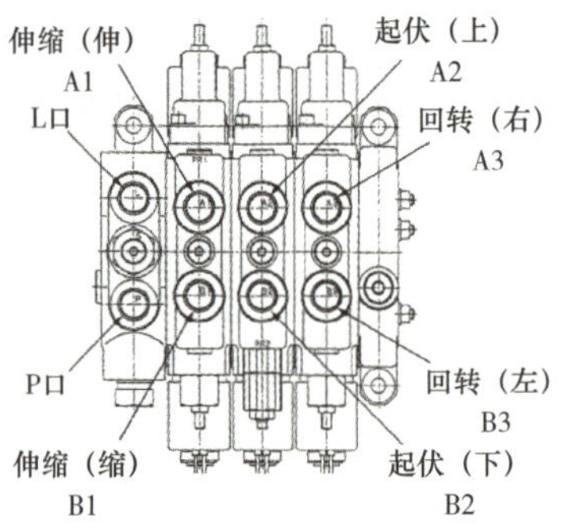

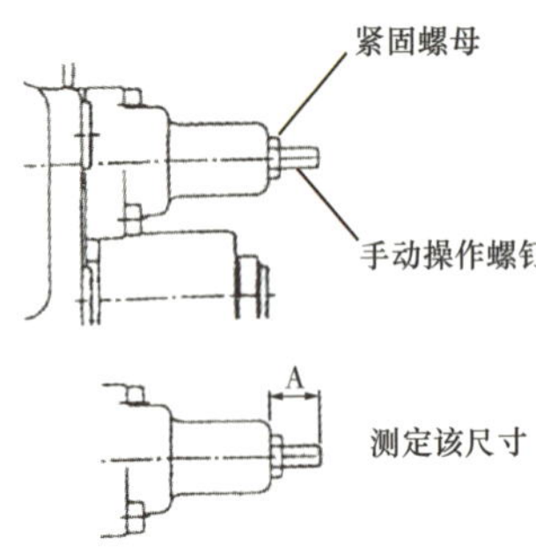

3.整车没电的情况下将支腿收回

手动收支腿时，应确认工作臂已经收回，放置在托架上，再将油路切换到支腿侧。应在汽车底盘发动机处于起动状态再操作，先收垂直支腿，再收水平支腿。

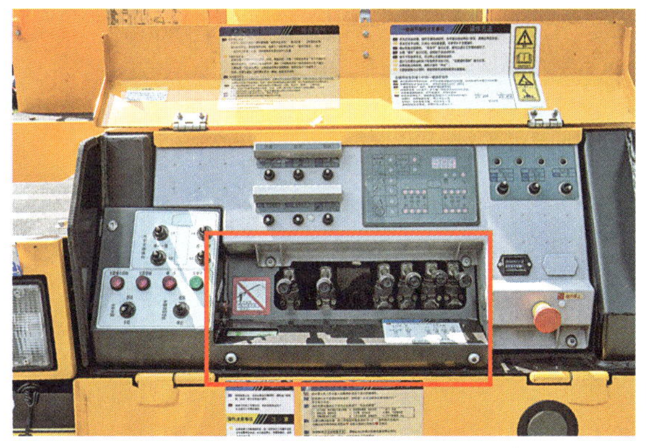

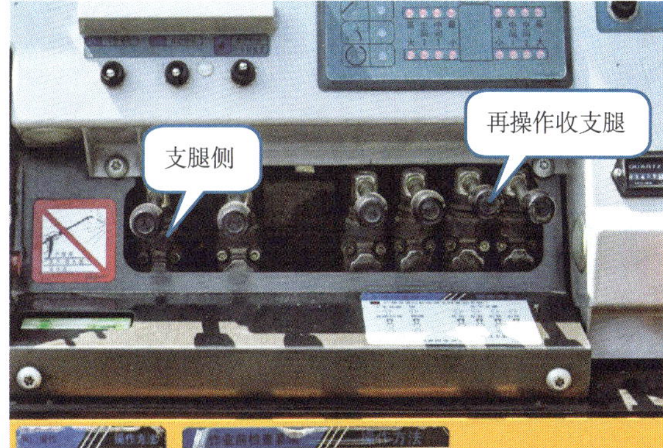

Part 3

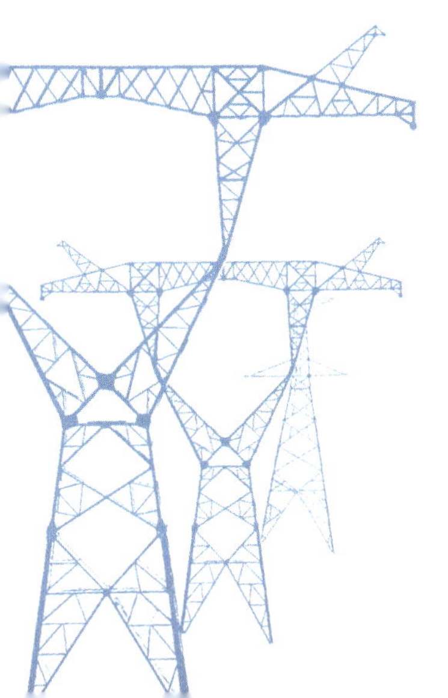

安全防护篇

一 行车安全

1. 车辆行驶时注意总高度

（1）车辆行驶时的总高标识牌在驾驶室内的铭牌上。

（2）行驶中如发生碰撞等事故，应到就近的厂家服务中心检修。

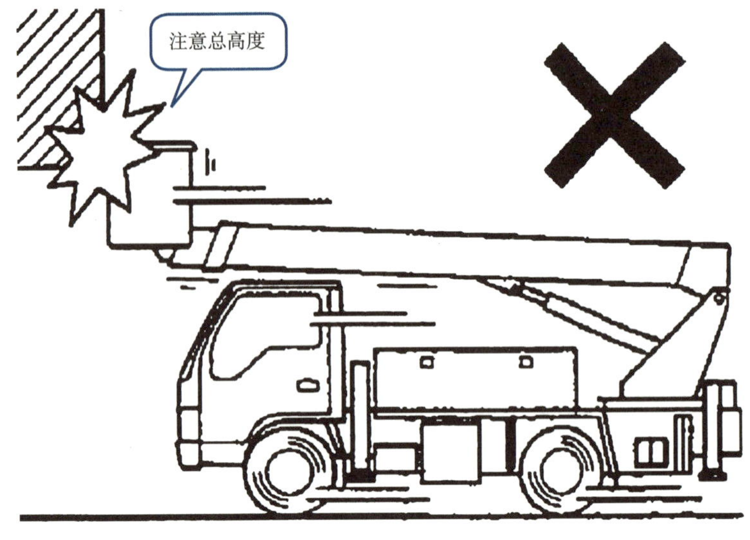

2. 过桥注意总重量

在松软路面、木桥、重量限制的道路上行驶时，参照限载警告牌所示重量，确认能否通行之后再行驶。

3. 严禁工作斗内载人行驶

工作斗内严禁载人行驶。

4. 驾驶证准驾

确认所持的驾驶证是否可以驾驶车辆。

5. 不要酒后移动车辆

开车不喝酒，喝酒不开车。

6. 冰上或雪上轮胎防滑措施

在冰上或雪上行驶时，要避免急打方向盘，防止侧翻事故。冬季行驶稳定性下降，须特别注意。

7. 倒车的注意事项

车辆的后方视线不佳，倒车时应有人指挥，并听从其指挥驾驶。

8. 小吊装置确认收回

小吊升起时会增加总高，确认小吊收回。

二 规范操作

1. 作业时系好安全带

（1）作业时必须系安全带。进入工作斗后，即将安全带的挂钩挂在所定位置。

（2）安全带必须挂在安全带扣环（安全缆绳扣环）上。

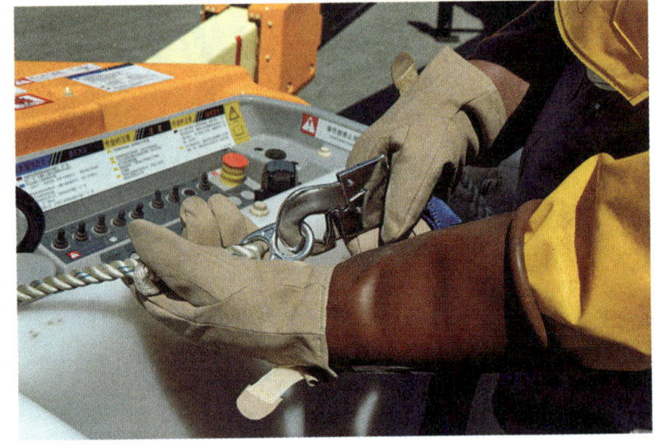

2. 确认周围环境及操作手柄动作方向

作业前认真确认上下左右周围安全状况，按操作铭牌上的指示确认操作方向后进行操作。

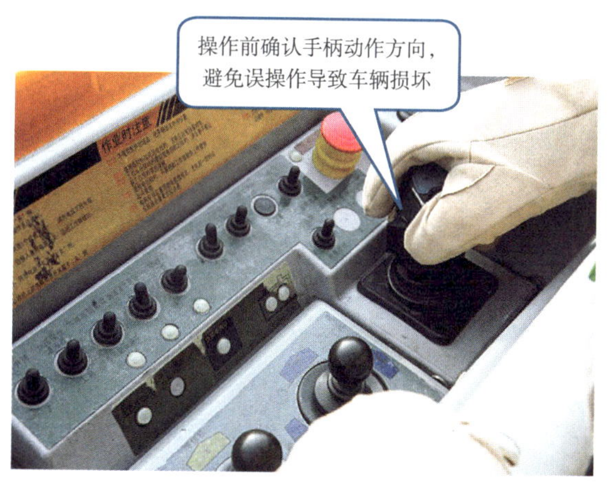

3. 不要急剧地操作手柄

不要急剧地操作手柄，否则操作者有可能从工作斗上振落。反向操作手柄时，先将手柄扳到中位，动作停止后再反向操作。

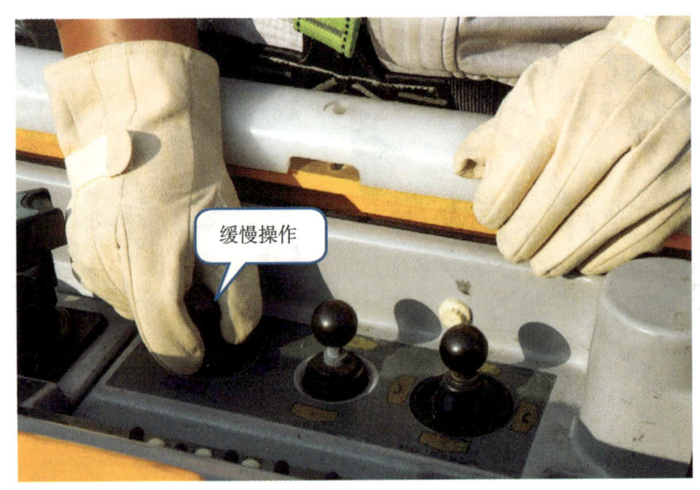

4.严禁身体重心从工作斗内探出作业

（1）身体严禁从工作斗内探出。

（2）严禁踩踏在扶手或踏板上进行作业。

5. 严禁在斗内增高作业

（1）严禁在工作斗内使用人字梯或脚凳进行作业。

（2）严禁借助工作斗跨越到其他建筑物上进行作业。

6. 防止物品从工作斗上掉落

(1) 防止物品从工作斗上掉落,以免砸伤通行中的行人或车辆。

(2) 上下传递物品应使用专用的传递袋。

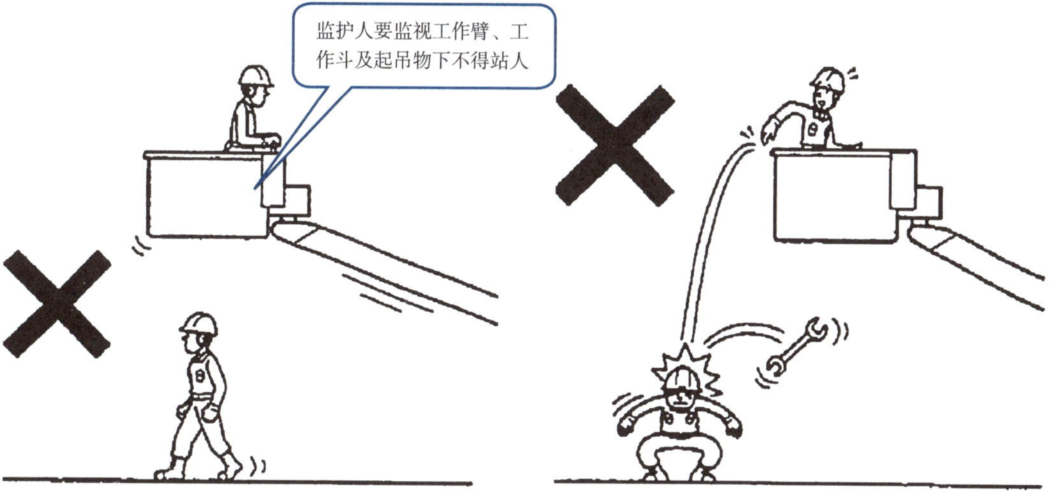

7.严禁操作工作斗来推或拉任何物件

（1）严禁操作工作臂及工作斗来推或拉任何物件。

（2）严禁在工作臂及工作斗上固定吊钩、缆绳等方法起吊物品。

（3）工作斗推或拉建筑物或起吊重物时，有可能引起工作斗平衡装置失灵，在作业中出现工作斗反转等现象，可能导致重大事故，必须绝对禁止。

（4）进行了错误操作时，即使没有发生异常情况，也必须对车辆进行检查。

8. 工作斗内严禁搭载超过额定载荷的物件

（1）工作斗内严禁搭载超过额定载荷的物件。

（2）严禁在工作斗内装载与工作无关的物件，严禁作业人员操作绝缘斗臂车来吊装。

（3）工作斗载重超重或装载与工作无关的物件，作业人员做起吊操作时，有可能引起工作斗平衡装置失灵，在作业中出现工作斗反转等现象，可能导致重大事故，必须绝对禁止。

（4）进行了错误操作时，即使没有发生异常情况，也必须对车辆进行检查。

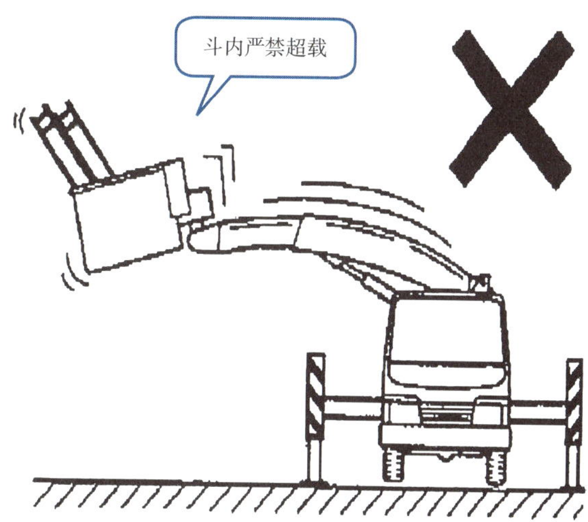

9. 严禁工作斗摩擦

（1）严禁将工作斗与设备装置等进行摩擦。

（2）当工作斗与设备装置等有摩擦时，严禁将工作臂硬压。

（3）工作斗与设备装置等有摩擦，或大力冲撞时，有可能引起工作斗平衡装置失灵，在操作过程中出现工作斗反转等现象，可能导致重大事故，必须绝对禁止。

（4）进行了错误操作时，即使没有发生异常情况，也必须对车辆进行检查。

10. 带电作业必须可靠接地

进行带电作业区域及带电作业邻近区域作业时，必须将车辆的接地线可靠接地。

11. 支腿垫板的注意事项

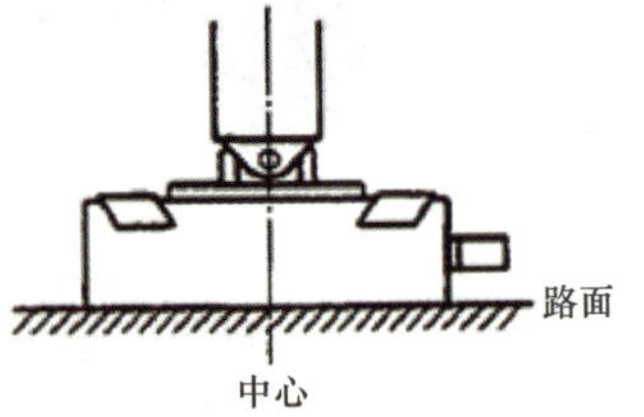

（1）应可靠设置支腿垫板。

（2）作业时必须铺设垂直支腿垫板，加固垂直支腿着地部位的地基。

（1）重叠放置支腿垫板时数量不超过 2 块，厚度在200mm 以内。

（2）重叠放置2 块标准型垂直支腿垫板时，按以下操作要领进行：

1）两块垫板都要正面朝上；

2）上面的垫板转45°，这是为了避免垂直支腿垫板的金属面接触，防止支腿垫板滑动。

12. 工作斗内严禁搭载损伤工作斗的器材

（1）绝缘工作斗（工作斗内衬）内不要装载可能损伤工作斗的器材。

（2）不要在绝缘工作斗内装载超过工作斗高度的金属物。

（3）绝缘工作斗等有龟裂、损伤时，绝缘性能下降。

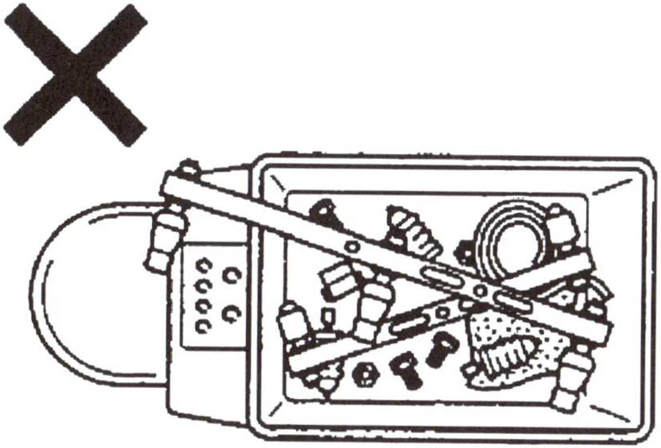

13. 金属部分与带电体接触有触电危险

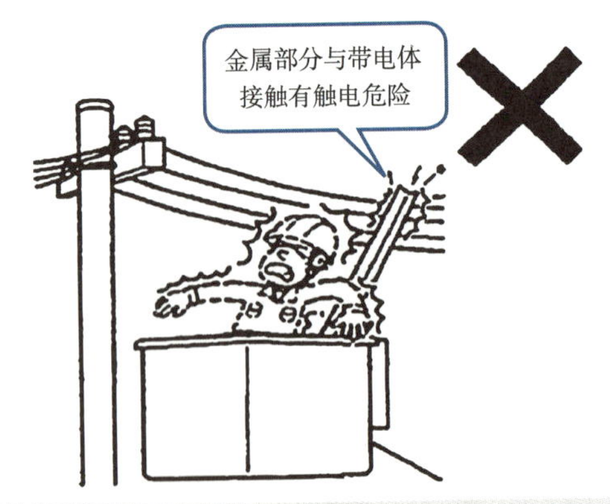

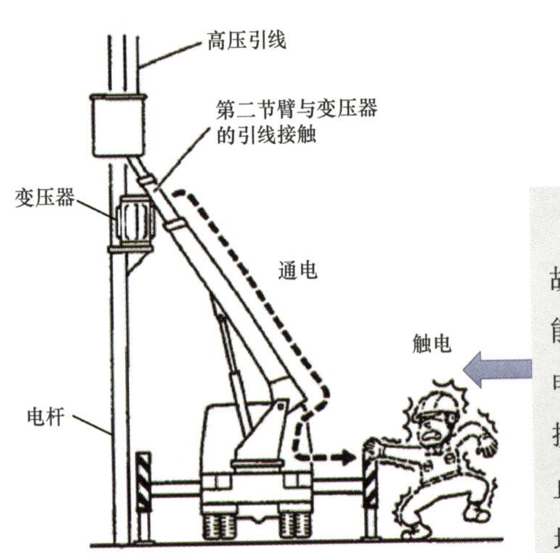

车辆上装设的金属部分接触到带电体时，相当于发生接地故障，若地面的人员碰触车辆或甚至在故障点8m以内，都可能引起触电事故。若金属臂误触带电体，应迅速使车辆离开带电体，并与上级相关部门联系。作业中，本车辆的金属部分接触到带电体时，人一旦接触车辆就有可能发生触电事故。防止此类事故最有效的方法是将车辆与大地连接，即进行保护接地。因此，须严格按照标准化作业指导书开展作业。

14. 确认绝缘斗臂车各绝缘部件表面没有水分等附着物

（1）进行带电作业区域及带电作业邻近区域作业前，应确认工作斗、工作斗内衬、绝缘臂、小吊臂、临时横担（选购件）等部分有无灰尘、水分等附着物。

（2）如有灰尘及水分等附着将降低绝缘性能，作业前必须用清洁、干燥的布擦拭干净。

（3）绝缘部件如有龟裂及破损时，应立即到就近的维修点检修。

15. 绝缘臂伸出长度

（1）作业时，绝缘臂伸出有效绝缘长度不小于1m。

（2）绝缘臂的工频耐压试验：出厂试验长度为0.4m，试验电压100kV，试验时间1min；预防性试验长度为0.4m，试验电压45kV，试验时间1min，试验周期12个月。

16. 绝缘工作斗严禁靠近易燃物

绝缘工作斗是可燃物，严禁烟火及化学物品类接近工作斗。

17. 小吊绳严禁横拉作业

横拉作业可能导致车辆翻倒或小吊、小吊臂、小吊缆绳的破损，也可能使小吊的回转锁定销失灵而突然回转，甚至有可能引起车辆翻倒事故，因此禁止小吊绳横拉作业。

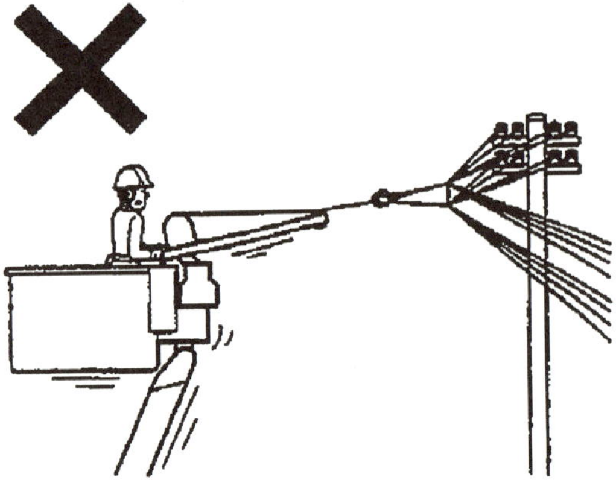

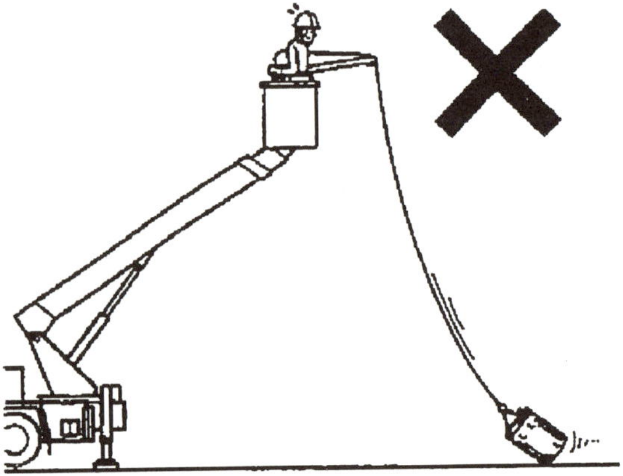

18. 严禁直接用小吊缆绳系货物

如与横担等的棱角发生摩擦会使缆绳断裂，货物掉落，因此须正确使用缆绳，禁止与任何有可能损伤缆绳的物件发生摩擦。用小吊起吊货物时，必须使用挂钩缆绳，禁止直接用小吊缆绳系货物。

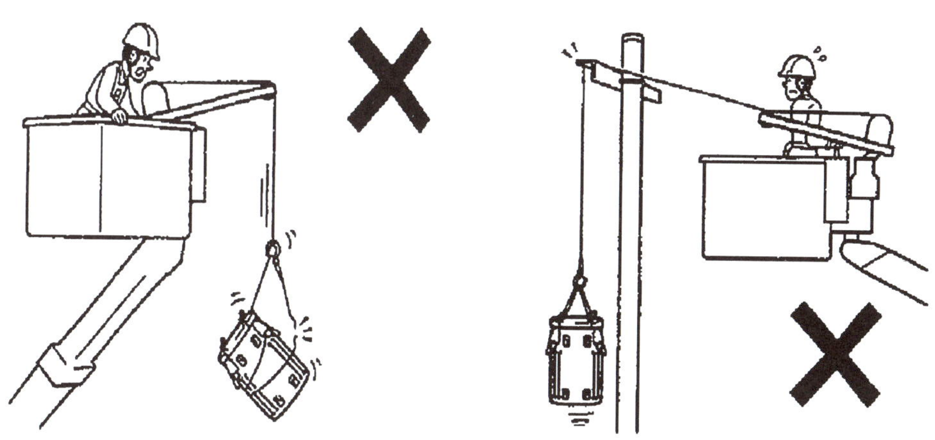

19. 小吊装置严禁朝向工作臂使用

（1）勿将小吊装置的小吊臂朝向工作臂侧（使用范围外）使用，因为工作臂平衡装置会受张力作用引起故障。

（2）小吊臂的使用范围是不论工作臂及工作斗的位置，都在工作臂前端200° 范围之内。

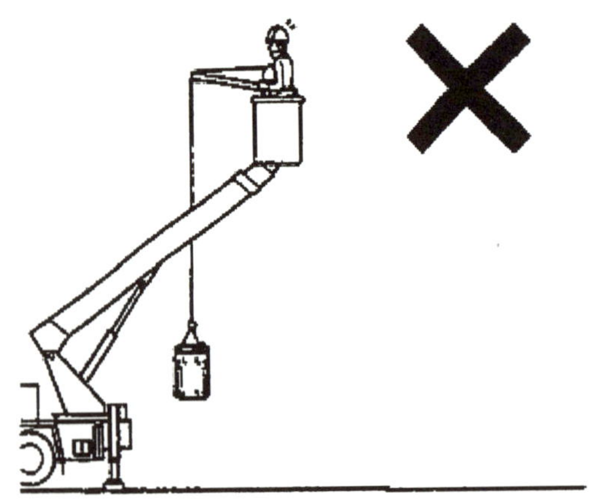

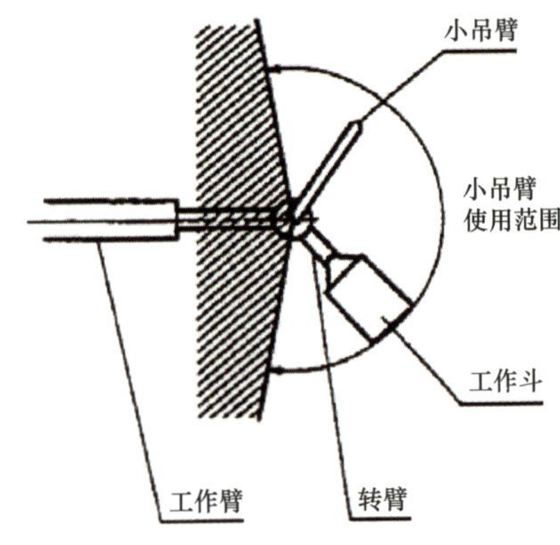

20. 支腿操作注意事项

（1）垂直支腿着地部位为松软地基时，不得进行作业。将支腿设置于松软地基上时，车辆有翻倒的危险，应设置支腿垫板后再进行作业。

（2）支腿垫板及支腿绝对禁止设置在排水沟上。将支腿垫板及支腿设置在排水沟上时，会造成排水沟盖板破损，车辆有翻倒的危险。

（3）水平支腿的伸出跨距应尽量大。

（4）不要在切换手柄处于水平支腿侧和垂直支腿侧的临界状态进行支腿的操作，否则可能造成水平支腿滑出或垂直支腿收缩，非常危险！

（5）确认水平支腿伸出方向无人或物后再伸出。

（6）水平支腿伸出时，应一侧一侧地进行确认。

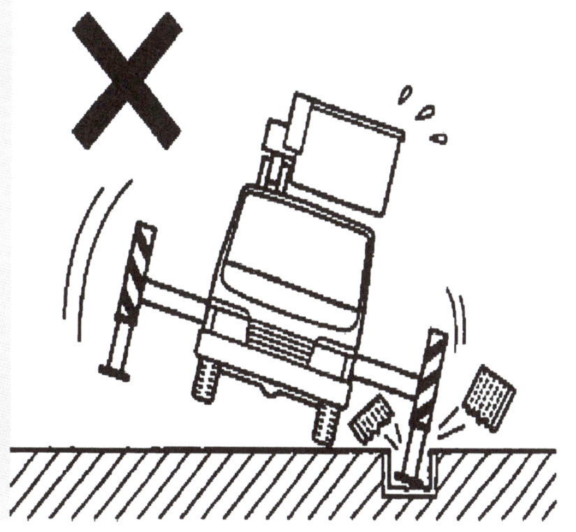

21. 伸出支腿操作注意事项

（1）操作支腿时，应将油门开关切换到“自动”侧。

（2）应确认水平支腿伸出方向无人员和物品后再伸出。

（3）应确认垂直支腿和垫板之间无人或物被夹住，再伸出垂直支腿。

（4）垂直支腿旁边有人的时候，有夹脚的危险，因此不要让他人接近垂直支腿。

（5）油门开关在“自动”侧状态下，稍微进行垂直支腿操作时，车体有时会出现大幅度左右倾斜。

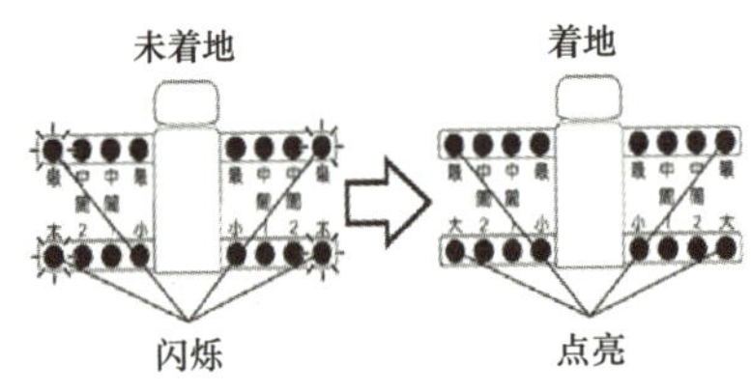

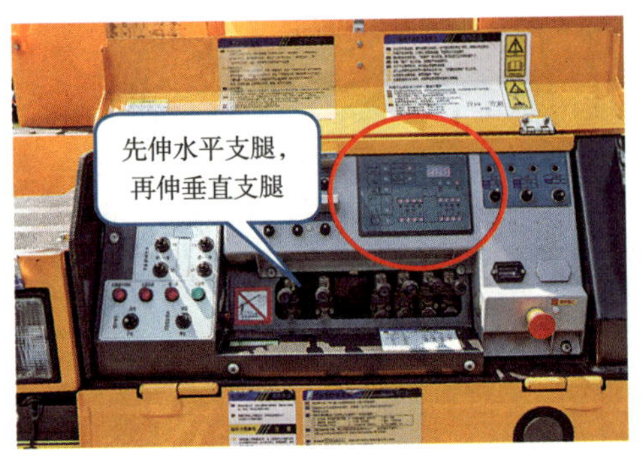

垂直支腿着地之前，应确认超载防止指示器的各水平支腿最外端的灯为闪烁状态。如有的灯在点亮状态，说明有异常，应即检查。如在异常情况下使用，有翻倒的危险。

22.收回支腿注意事项

（1）在倾斜路面收回支腿时应先收后支腿，再收前支腿。如先收前支腿，驻车制动器作用的后轮在前轮之后着地，有车辆失控的危险。

（2）收回垂直支腿时，应将油门开关置于“自动”侧。

（3）收回水平支腿之前，应确认在水平支腿活动框上无人或物品。

（4）水平支腿操作时，“前”与“后”水平支腿收回的速度是不同的，应注意。

（5）如油门开关在“自动”侧，稍微进行垂直支腿操作(微动)时，车辆可能出现左右大幅倾斜。

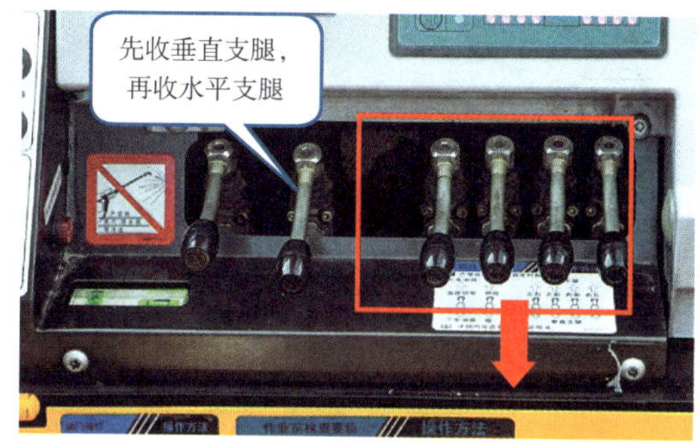

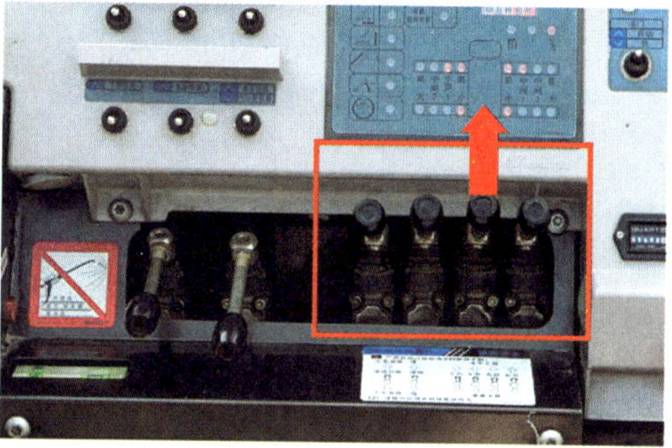

23. 上部操作（工作斗部位操作）注意事项

（1）上部操作时务必使用安全带，将安全带的挂钩牢靠地挂在安全带用缆绳扣环上。

（2）回转作业时应确认转台和工具箱之间前有无人或物被夹住。

（3）注意手扶在工作斗扶手上时不要与建筑物等构件之间过近导致被夹伤。

（4）在控制面板操作处不要放置小物件，因小物件容易掉入操作手柄的缝隙处而造成误动作。

（5）作业范围规制时，不要将手柄往规制侧操作。

（6）如将手柄往规制侧操作，并与其他动作连动操作时，可能瞬间往规制侧动作，非常危险。

（7）工作斗未完全离开工作斗托架时，不要进行工作臂的旋转、伸缩操作或转臂的旋转、摆动操作，否则工作臂可能与工作臂托架发生干涉，应注意。

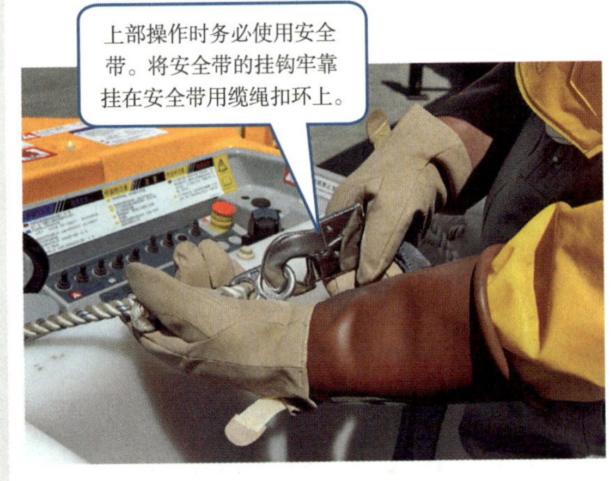

24. 下部操作注意事项

（1）操作前应确认周围状况。

（2）回转时特别要注意，操作之前应确认转台和工具箱之间无人或物夹入。

（3）作业范围规制时，不要把手柄往规制侧操作。因为手柄往规制侧操作，若与其他操作进行连动操作时，可能在一瞬间往规制侧动作，应注意。

（4）操作完成后应将操作部的罩壳牢靠地合上。

25. 动作停止操作（应急操作）注意事项

（1）停止工作臂操作，进行作业时，为防止误动作，务必按动作停止开关后再进行作业。

（2）即使接通动作停止开关，工作臂仍旧缓慢下降，可能是油缸自然下降，应迅速收回工作臂，终止作业。

（3）由于动作不良等原因进行动作停止操作时，应终止作业，立即接受检修。应参照维修点一览表选择维修点。

（4）如果不按动作停止开关，继续进行作业的话，一旦错误接通操作手柄或开关，身体和手腕等部位可能被夹入工作斗与物件（或构件）之间，非常危险。

（5）即使接通动作停止开关，工作臂仍旧缓慢下降时，应再次按动作停止开关进行解除，操作与工作臂的动作相反方向的手柄进行回避。

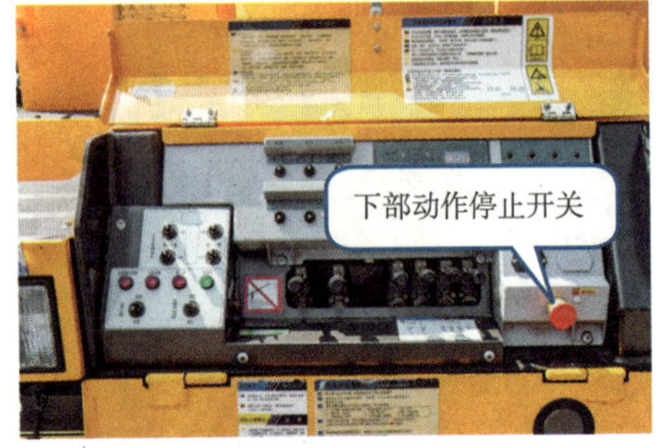

26. 小吊操作前注意事项

（1）绝对禁止起吊物横拉或向前（后）拉作业，否则车辆有翻车危险。

（2）严禁用工作臂的起伏或伸缩来起吊货物。

（3）确认缆绳确实在缆绳防脱落装置的内侧。

（4）小吊的设定及收回作业，应将工作斗降到地面附近后再进行。

（5）必须遵守载荷表的数值。

（6）起吊货物之前，必须确认货物重量不超载。

（7）起吊货物状态下操作小吊时，防止急剧操作。

（8）应保证载荷与起吊物重量的合计值在 550kg 以下。

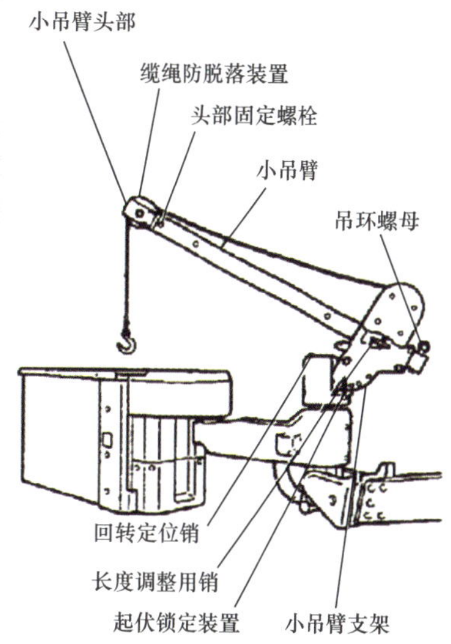

27. 小吊操作注意事项

（1）如可以看到小吊缆绳两端的红色部分在小吊臂头部，为卷绕过头或放线过度，应注意避免。

（2）进行旋转操作时，应确认周围情况后再进行。

（3）起吊货物时，严禁进行过激操作。

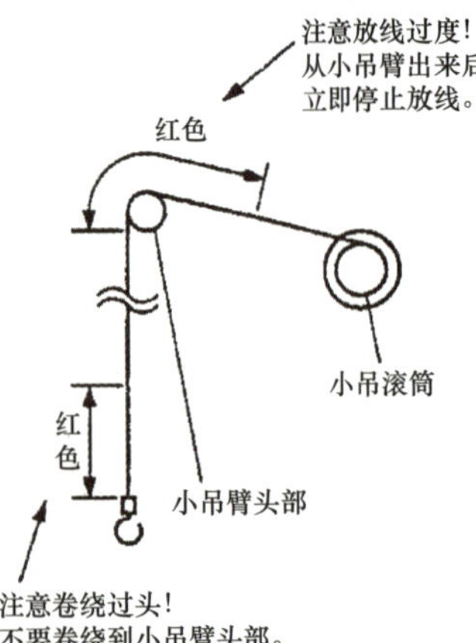

<table>
<tr><th colspan="3">小吊臂起吊载荷表</th></tr>
<tr><td>小吊臂起伏角度</td><td colspan="2">最大起吊载荷（kg）</td></tr>
<tr><td>0° ~30°</td><td colspan="2">200</td></tr>
<tr><td>30° ~45°</td><td colspan="2">300</td></tr>
<tr><td>45° ~90°</td><td>450
（斗载荷100）</td><td>350
（斗载荷200）</td></tr>
</table>

28.临时横担的使用注意事项（选购件）

（1）四面磙子应在临时横担中央及左右两端均匀分布固定。

（2）小吊臂收回后应用锁扣牢靠固定。

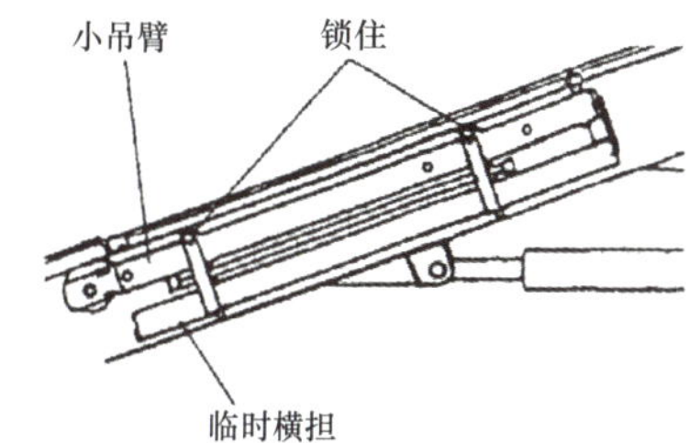

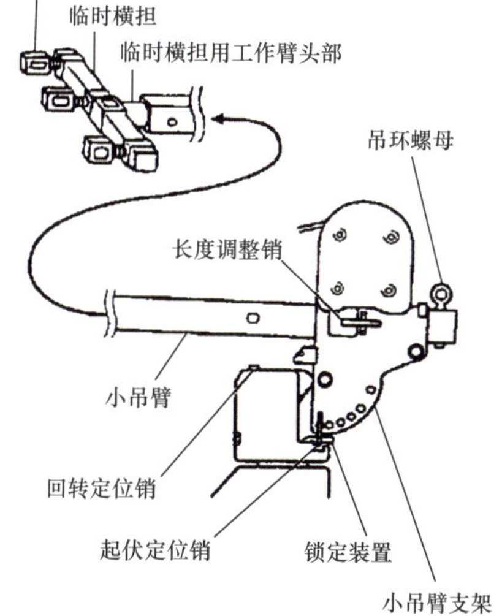

使用时如不遵守下列注意事项，将会导致车辆翻倒或临时横担、四面磙子等破损，引起重大事故。

如在工作臂未收回状态下进行小吊臂及临时横担的安装作业，有可能坠落，很危险。

（1）电线的推上或拉下作业必须用小吊操作来进行，不得用工作臂操作来进行。

（2）临时横担的最大载荷为垂直且均匀载荷490kg。

（3）有横向载荷作用的场所（弯角处的电杆等）不要使用。

（4）临时横担装置的设置及收回作业，应将工作斗降落到地面附近，在稳定的地面上进行。

29. 工作斗升降操作注意事项

（1）降下工作斗时，应先确认工作斗下无物。另外，注意放在面板上的手指（或物）不要被罩壳等夹住。

（2）升起工作斗时，应注意不要被工作斗与物或构件夹住。另外，注意使工作斗不要与物或构件及小吊臂发生干涉。

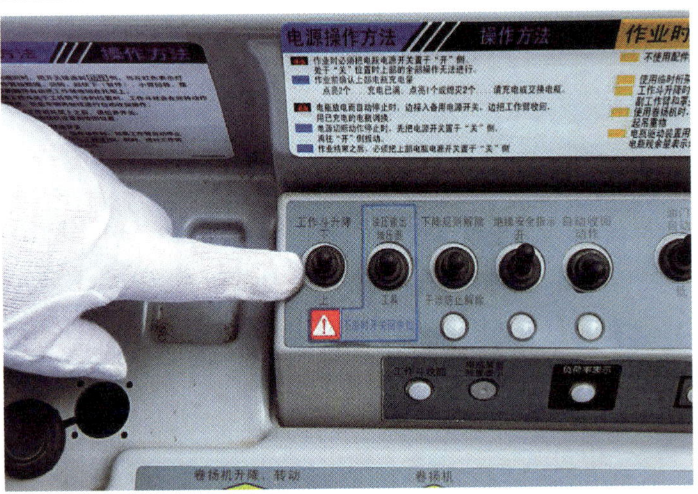

30. 作业前检查开关注意事项

（1）标牌如有破损或污损，应立即去除污垢，或者更换新标牌。

（2）如果处于非“作业前检查”状态，却接通了“作业前检查开关”，就会被判为异常现象，蜂鸣器将不停鸣叫。此时，应把驾驶室内的“钥匙开关”（装有电瓶型低噪声动力装置的车辆是“电源开关”）断开之后，再重新接通。

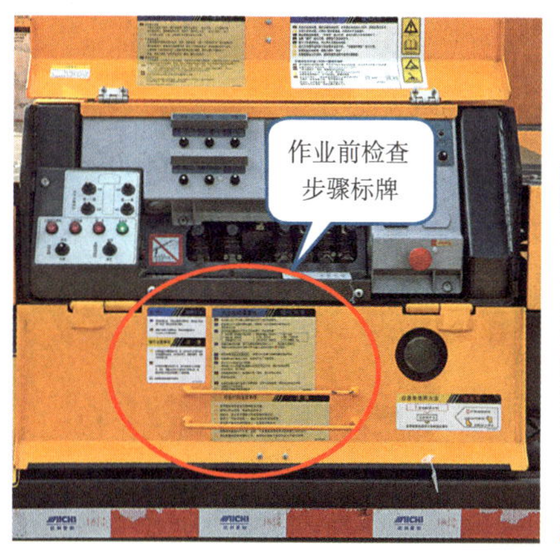

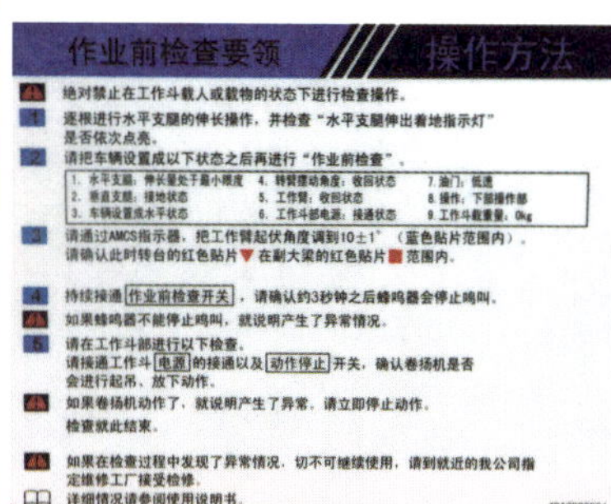

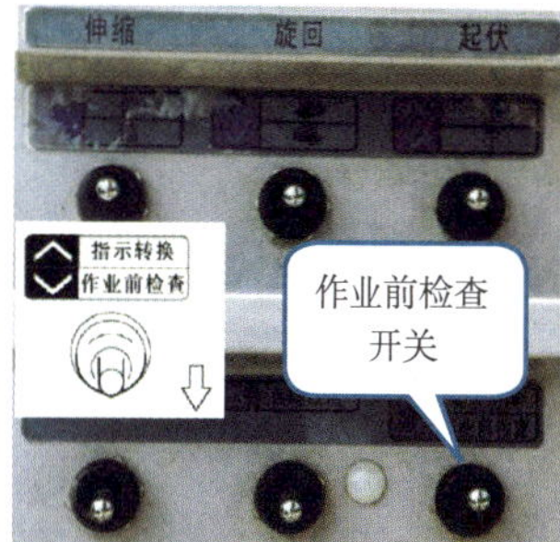

31. 清洗车辆注意事项

标牌指示的部位严禁用高压清洗，以防机器损伤。

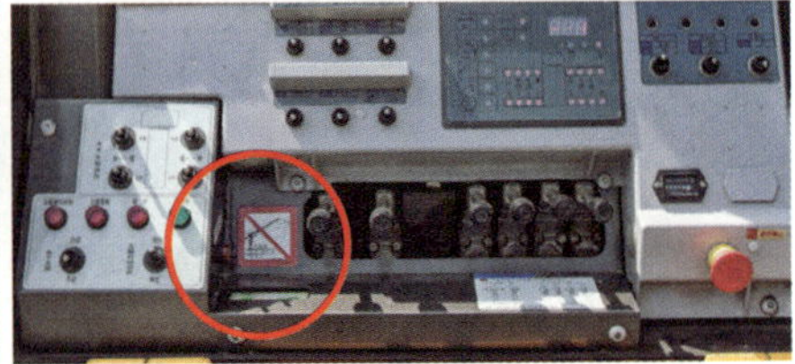

32.液压油温的确认

工作中油温升到 90℃以上的异常高温时，各装置功能将下降或导致损伤。应将油门置于“低”档放一会儿，待油温下降后再进行作业。油温以安装在工作油箱上的温度指示标记为准，温度指示标记处的各温度刻度原为黑色，当油温达到某一温度时，指示标记处此温度的刻度颜色将变为淡蓝色，温度超过刻度数值越多，其颜色越深。温度指示标记使用超过2 年后，其温度指示将不准确，因此应每2 年进行更换。

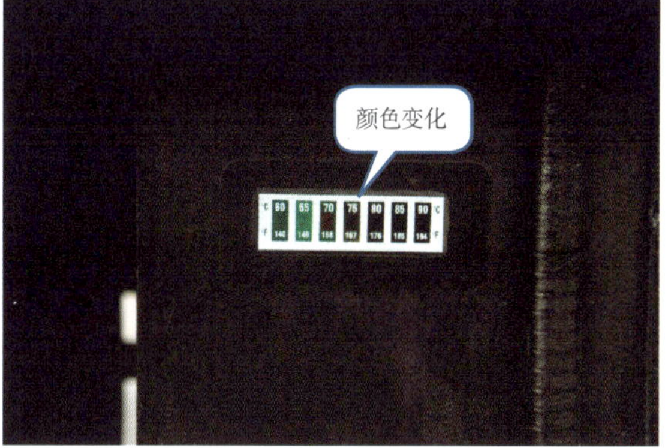

33. 水平仪确认

确认车辆水平仪的气泡在基准线之间或与基准线边界内。不在基准线内的，应调节垂直支腿的伸出量。

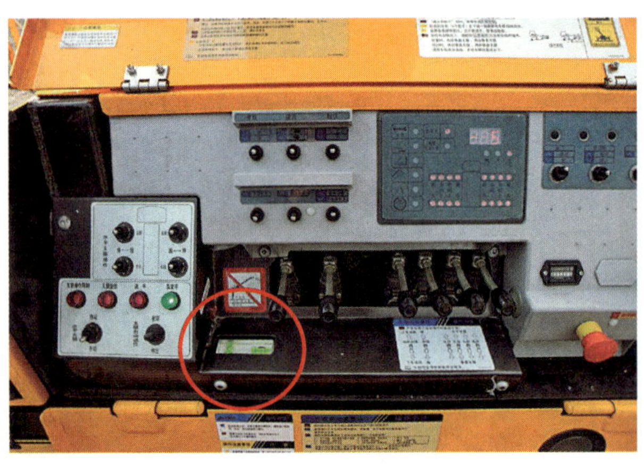

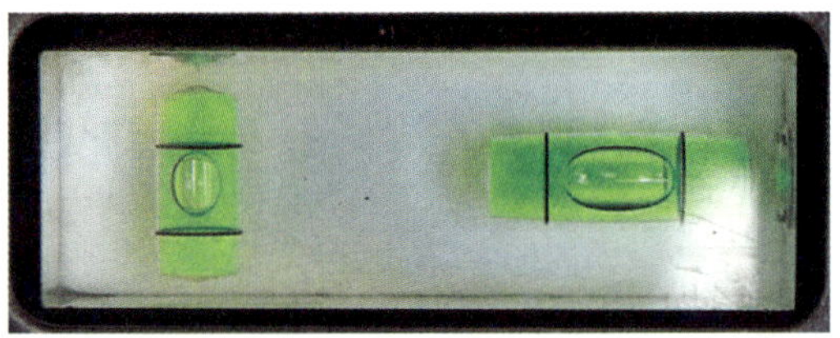

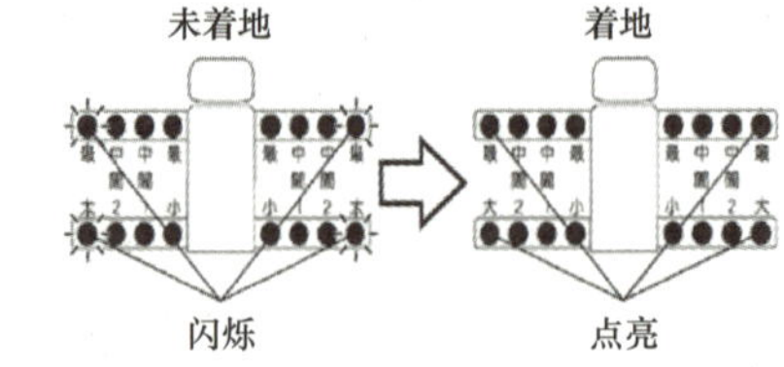

三 事故案例

1. 某美食街不系安全带事故

某美食街处作业时，两名作业人员未系安全带，不慎摔落。

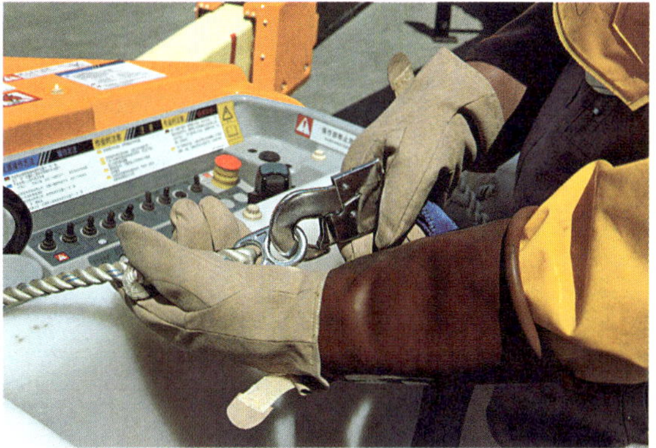

2.某公司作业车辆撞限高杆事故

某公司带电作业车作业完成之后，起吊装置没有收到位，造成车辆行驶过程中碰撞限高杆。

3.某公司车辆转弯过快事故

某公司车辆转弯时速度太快，导致车辆侧翻。

4.某公司作业车辆支腿未收回事故

某公司作业完成后未检查支腿的水平收回情况就直接开车，导致前支腿撞上相邻车辆，造成支腿框、油缸、副大梁变形。

5. 某公司未设置警示标志导致追尾

某公司在作业时，未设置警示标志，造成了两车追尾事故。

6. 某公司因未注意地面情况造成事故

某公司车辆作业时没有检查地面空洞情况，未放置支腿垫板和辅垫，或更换作业位置，导致车辆侧翻。

配网不停电作业一线员工作业一本通 2

典型混合臂式绝缘斗臂车检查维护及常见故障处理

国网浙江省电力有限公司　组　编
李　晋　周　兴　主　编
高旭启　施震华　赵鲁冰　陈　浩　副主编

内容提要

本书主要介绍配网不停电作业中的两种主要设备典型直伸臂式绝缘斗臂车和典型混合臂式绝缘斗臂车的检查维护及常见故障处理，围绕日常维护、应急操作、安全防护三个方面，通过大量图片，对设备维护及故障处理的全流程进行了讲解和演示，对生产实践具有很强的指导性。本分册为典型混合臂式绝缘斗臂车检查维护及常见故障处理分册。

本书可供配网不停电作业基层管理者和一线员工培训及学习使用。

图书在版编目（CIP）数据

配网不停电作业一线员工作业一本通. 2，典型混合臂式绝缘斗臂车检查维护及常见故障处理 / 国网浙江省电力有限公司组编；李晋，周兴主编. —北京：中国电力出版社，2023.6

ISBN 978-7-5198-7657-9

Ⅰ. ①配… Ⅱ. ①国… ②李… ③周… Ⅲ. ①配电系统—带电作业—技术培训—教材 Ⅳ. ①TM727

中国国家版本馆CIP数据核字（2023）第045412号

出版发行：中国电力出版社
地　　址：北京市东城区北京站西街19号（邮政编码100005）
网　　址：http://www.cepp.sgcc.com.cn
责任编辑：穆智勇
责任校对：黄　蓓　王小鹏
装帧设计：张俊霞
责任印制：石　雷

印　　刷：三河市航远印刷有限公司
版　　次：2023年6月第一版
印　　次：2023年6月北京第一次印刷
开　　本：787毫米×1092毫米　横32开本
印　　张：12.75
字　　数：313千字
定　　价：68.00元（全二册）

版权专有　侵权必究

本书如有印装质量问题，我社营销中心负责退换

《配网不停电作业一线员工作业一本通》

编　委　会

主　任　徐定凯

副主任　钱　江　陈　鹏

委　员　高旭启　平　原　李　晋　杨晓翔　周　兴　施震华　赵鲁冰　陈　浩

编　写　组

主　编　李　晋　周　兴

副主编　高旭启　施震华　赵鲁冰　陈　浩

成　员（以姓氏笔画为序）　王　坚　孔仪潇　叶国洪　叶　盛　孙　伟　汤剑伟
汤永根　朱训林　刘文灿　刘小元　吴　刚　陈晓江　邱灵君　严程峰
沈　靖　张　瑞　杨群华　周　浩　周连水　周利生　周明杰　胡建龙
胡夏炼　胡　伟　钟全辉　赵嫣然　赵家婧　钱　栋　唐　磊　秦　政
章锦松　潘宏伟

前　言

为了不断提升配网供电可靠性，减少停电检修给用户带来的影响，配网不停电作业已逐渐成为配网的主要检修方式。目前，配网不停电作业以绝缘斗臂车作为主要的绝缘工具，绝缘斗臂车的规范使用直接影响着作业的安全性与可靠性。

为进一步提升配网不停电作业一线员工对绝缘斗臂车性能的熟悉与安全使用知识的掌握，国网浙江省电力有限公司培训中心组织编写了《配网不停电作业一线员工作业一本通》，作为一线员工的培训教材。

在编写过程中，编写组按照绝缘斗臂车维护基本流程，在保证各环节满足规范要求的基础上，形成本书的文字内容。并根据文本内容，请一线专家实际演示，自编、自导、自演拍摄了大量的图片，对车辆维护及应急操作、安全防护进行了预控说明和规范演示，对绝缘斗臂车的操作起到规范作用。

本书分为《典型直伸臂式绝缘斗臂车检查维护及常见故障处理》《典型混合臂式绝缘斗臂车检查维护及常见故障处理》两个分册，着重围绕绝缘斗臂车的日常维护、应急操作、安全防护等内容，对绝缘斗臂车日常检查安全操作进行了规范和演示，对生产实践具有很强的实用性。

本书的编写得到了杨晓翔、胡建龙、吴刚、王坚、叶国洪、胡夏炼、汤剑伟、汤永根等专家的大力支持，在此谨向参与本书编写、研讨、审稿、业务指导的各位领导、专家和有关单位致以诚挚的感谢！

由于编者水平所限，疏漏之处在所难免，恳请各位领导、专家和读者提出宝贵意见！

本书编写组

2023年3月

目　录

绝缘斗臂车概况

绝缘斗臂车部件图

行驶状态主要技术参数

类别	项目	单位	数据	
			XHZ5120JGKD5	XHZ5120JGKZ5
底盘参数	底盘型号		东风 DFL1120B21	重汽 ZZ1147H451CE1
	轴距	mm	4200	4200
	发动机型号		东风康明斯 ISD180 50	MC05.21-50
	发动机功率	kW	132	151
尺寸参数	总长	mm	8600	8500
	总宽	mm	2500	2500
	总高	mm	3850	3720
质量参数	乘坐人数 （含驾驶员）	人	3	3
	总质量	kg	11505	11850
行驶参数	前悬	mm	1440	1240
	后悬	mm	2555	2665
	后伸	mm	405	395
	最高行驶速度	km/h	98	95
	最小离地间隙	mm	215	240
	接近角	°	20	20
	离去角	°	11	12

作业状态主要技术参数

<table>
<tr><th>类别</th><th colspan="2">项目</th><th>单位</th><th>数据</th></tr>
<tr><td rowspan="15">主要性能参数</td><td rowspan="2">额定电压</td><td>GB/T 9465-2008</td><td>kV</td><td>35</td></tr>
<tr><td>ANSI A92.2-2009</td><td>kV</td><td>46</td></tr>
<tr><td colspan="2">工作平台额定载荷</td><td>kg</td><td>280</td></tr>
<tr><td colspan="2">最大作业高度</td><td>m</td><td>19.2/19（重汽）</td></tr>
<tr><td colspan="2">最大作业高度时作业幅度</td><td>m</td><td>3</td></tr>
<tr><td colspan="2">最大作业幅度</td><td>m</td><td>11.5</td></tr>
<tr><td colspan="2">最大作业幅度时作业高度</td><td>m</td><td>9.2</td></tr>
<tr><td colspan="2">工作平台回转</td><td>°</td><td>± 90</td></tr>
<tr><td colspan="2">平台提升高度</td><td>m</td><td>0.6</td></tr>
<tr><td colspan="2">最大起吊重量</td><td>kg</td><td>450</td></tr>
<tr><td rowspan="2">支腿跨距</td><td>横向</td><td>mm</td><td>4000</td></tr>
<tr><td>纵向</td><td>mm</td><td>4350</td></tr>
<tr><td colspan="2">臂架变幅时间</td><td>s</td><td>$60 \leqslant t \leqslant 100$</td></tr>
<tr><td colspan="2">臂架回转速度</td><td>s/r</td><td>$60 \leqslant t \leqslant 120$</td></tr>
<tr><td colspan="2">支腿收放时间</td><td>s</td><td>≤60</td></tr>
</table>

配置说明

主要组成配置

部件名称	简要说明
底盘	XHZ5120JGKD5采用东风DFL1120B21二类底盘
	XHZ5120JGKZ5采用重汽ZZ1147H451CE1二类底盘
发动机	XHZ5120JGKD5采用东风康明斯ISD180 50柴油发动机，功率132kW，扭矩700N·m，国V排放
	XHZ5120JGKZ5采用重汽MC05.21-50型发动机，最大功率151kW，扭矩830N·m，国V排放标准
驾驶室	单排座、乘坐3人，驾驶室装备空调
围板及走台板	防滑走台板、菱形滚花碳钢围栏、两侧大围板式工具箱
取力系统	电磁取力、与变速箱直连
工作平台	60cm×120cm×106cm、端置双人玻璃钢平台，耐压50kV内衬；3-D单手柄实现工作平台全方向运动（上、下臂升、降，上臂伸缩，转台旋转），包括安全扳机功能、液压工作平台±90°旋转、垂直倾倒功能；额定载荷280kg；紧急停止/排放阀
臂架形式	一节折叠臂+二节伸缩臂
回转装置	连续360°无限回转
支腿	前后H型，单独可调
操作	工作平台和转台两组液压操作系统
控制系统	全液压比例控制系统，实现无级调速、开环液压控制系统
调平系统	主从式液压调平装置
其他	工作平台处发动机点火、熄火装置、工作平台液压工具接口、工作平台内衬、聚乙烯工作平台防护罩、液压吊臂变幅与回转、平台提升装置

基本功能及安全配置

XHZ5120JGKD5/ XHZ5120JGKZ5 型高空作业车基本功能安全配置：作业车能实现平台载荷 280kg，最大高度 19.2/19m、最大幅度 11.5m 高空作业。整车采用更可靠和安全的机械式限位，配置平台自动调平、支腿软腿控制、液压工具接口等。

名称	简要说明
支腿软腿检测	实时检测支腿受力状态，一旦检测到有支腿松动报警限动
上下车自动互锁装置	用于上下车互锁，防止误操作发生危险
油缸止回缩装置	防止液压管路发生故障时油缸回缩，工作臂坠落的安全保护装置
支腿止回缩装置	当系统突然失去压力的时候锁定支腿油缸，防止车辆倾翻的事故发生
应急电动液压泵	当底盘发动机或液压主泵发生故障时，将工作人员送回到地面
紧急停止装置	用于紧急停止操作
整车水平状态测试仪	可检测整车横向、纵向两个方向倾斜状态
发动机点火熄火	在转台和平台处可对发动机进行点火、熄火控制
液压接口	为在平台上使用液压动力工具提供快速接口
行车与取力互锁	避免误操作导致的设备损坏或安全事故
安全带	避免操作人员高空坠落

作业状态工作范围图：GKJH19（例）

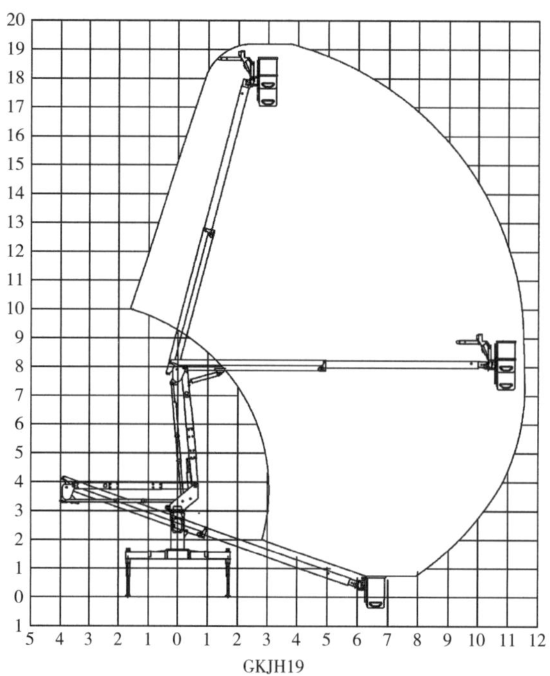

Part 1

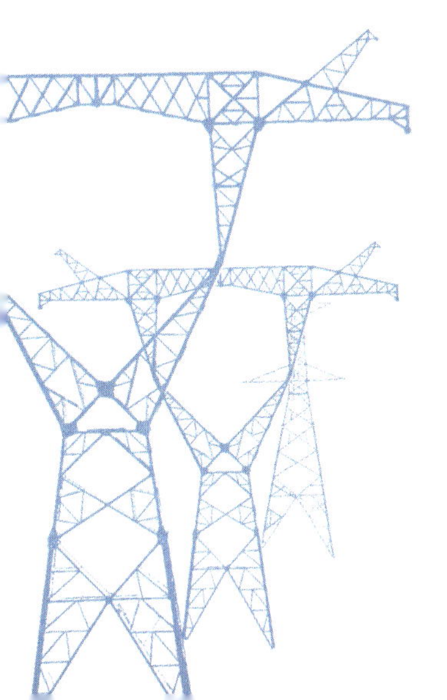

日常维护篇

一 出车前检查项目

（一）底盘检查

1. 检查仪表盘

（1）仪表指示灯及仪表工作状态正常，无故障代码。

（2）检查燃油表油量工作正常。

（3）尿素存量显示正常。

底盘储气筒气压>850kPa，如果气压低，车辆会报警，手刹无法解除，车辆无法行驶；取力器无法使用。

尿素存量不足会导致车辆无法正常行驶及上装动作不正常。需及时添加尿素。

燃油表油量

仪表指示灯、仪表工作状态区

尿素存量状态

储气筒压力表

2. 检查轮胎气压和车辆底部

（1）围绕车辆一圈，确认车辆底部有无漏油和障碍物。

（2）检查轮胎气压，对照车门处参数表进行核对。

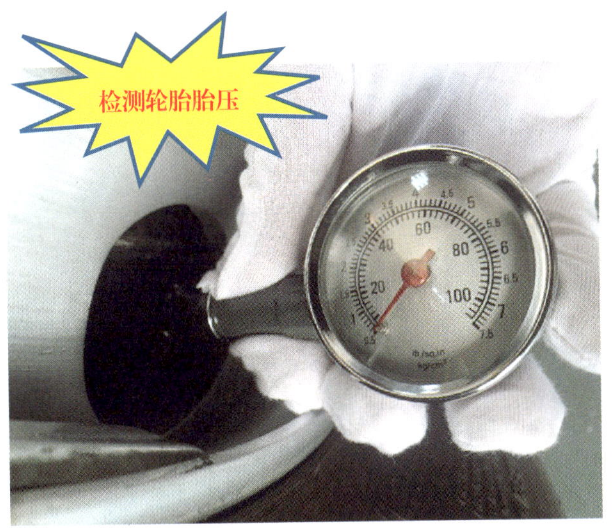

3. 检查发动机及驾驶室翻转机构

（1）确认车辆发动机无漏油，裸露部分清洁完好。

（2）确认驾驶室翻转机构处于止锁状态。

4. 检查副车架连接紧固件

（1）检查副车架与底盘大梁固定螺栓。

（2）使用手锤敲击方式检查，发现松动及时紧固处理。

（3）副车架与底盘大梁共计分布6处连接螺栓。

使用手锤敲击方式检查

（二）上装状态检查

1. 确认小吊绳状态

（1）小吊绳有明显变色的情况禁用。

（2）小吊绳外层磨损导致起毛禁用。

（3）小吊绳内层缆绳断裂导致外层出现凹凸现象禁用。

（4）小吊绳有磨痕、打扭、切口和其他缺陷禁用。

小吊绳推荐2年更换一次

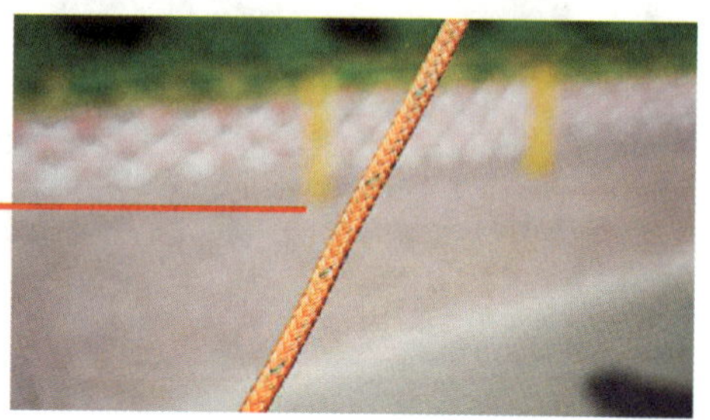

2. 确认下臂滚轮及侧滑轮状态

（1）侧滚轮明显变形、脏污需尽快更换。

（2）两侧侧滚轮变形不一致，需尽快更换伸缩部后侧滑块。

（3）下滚轮脏污严重需尽快更换。

（4）下滚轮沟槽磨损需尽快更换。

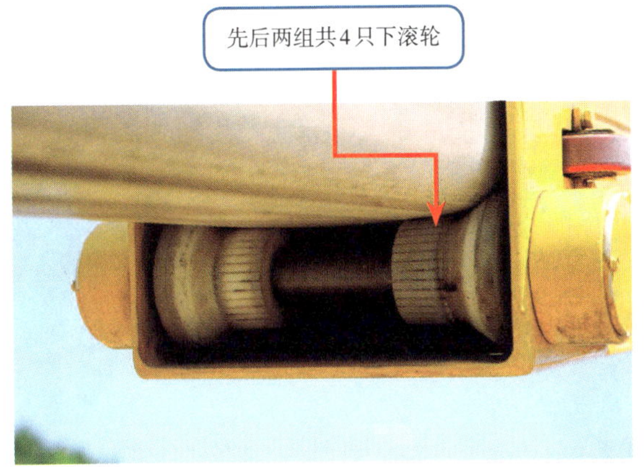

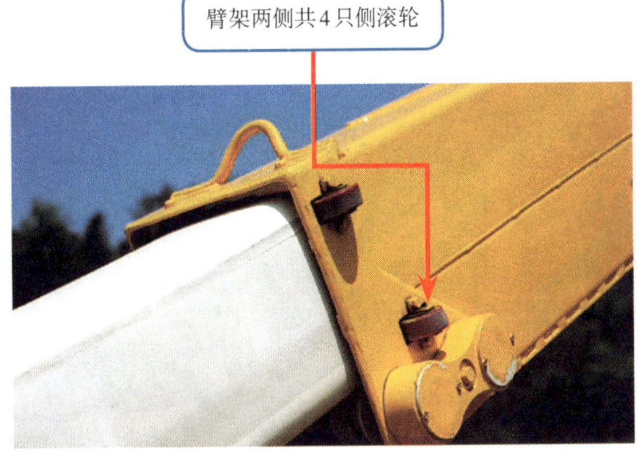

3. 确认主绝缘臂状态

（1）通过目视检查辅助绝缘工作臂、绝缘保护罩有无污垢、损伤、裂纹现象。

（2）对于绝缘工作臂上有深度2mm以上缺陷者，应更换绝缘臂。

（3）工作臂伸出的状态下，通过目视检查各节工作臂有无扭转、弯曲、凹进、波形（变形）、凹痕、粘连、裂纹现象。检查中如果发现异常等现象，应分解工作臂，采用与各个项目相对应的检测方法进行检查。

（4）伸缩臂上滑块间隙过大，需更换伸缩臂后上滑块。

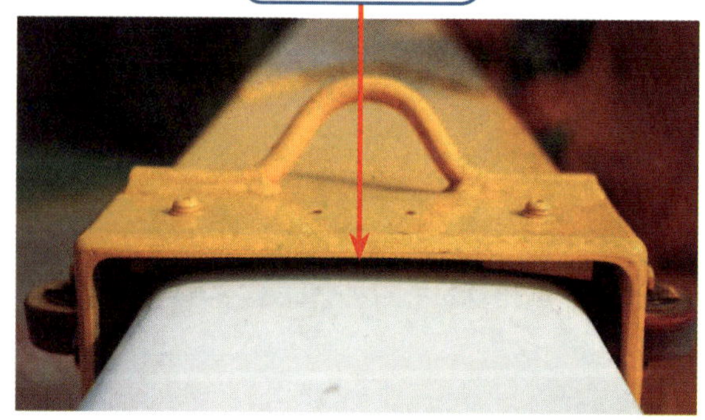

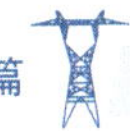

4. 确认辅助绝缘臂状态

（1）通过目视检查绝缘工作臂、绝缘保护罩有无污垢、损伤、裂纹现象。

（2）通过目视检查辅助绝缘臂与金属臂粘接处有无扭转、弯曲、凹进、波形（变形）、凹痕、裂纹现象。

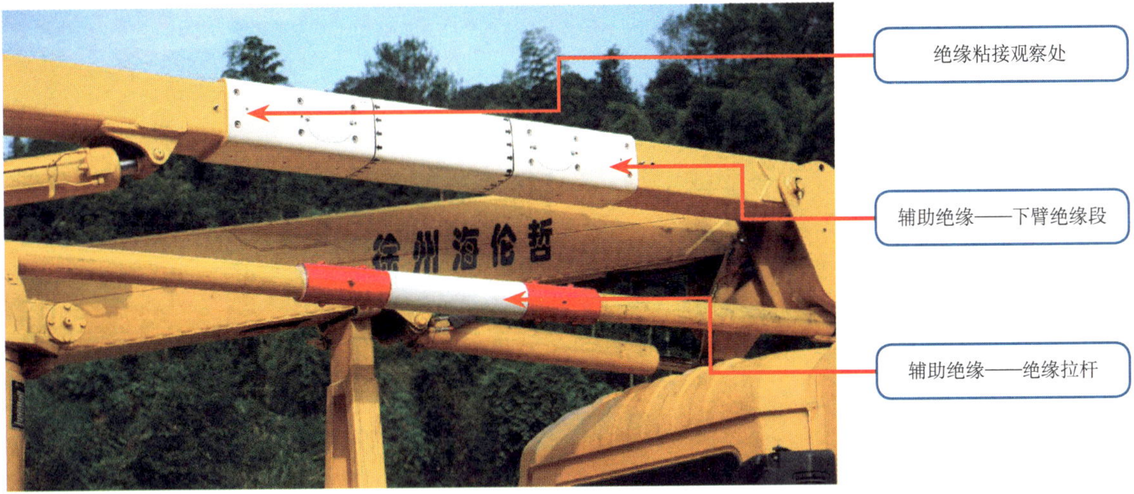
绝缘粘接观察处
辅助绝缘——下臂绝缘段
辅助绝缘——绝缘拉杆
徐州海伦哲

5. 确认绝缘外斗及内斗状态

（1）检查绝缘外斗无磕碰、裂纹。

（2）检查绝缘斗内衬是否有磨损、裂开，若有1mm以上划伤需更换内斗。

（3）确保工作斗内衬干净，如有杂物或水需立即进行清理。

外斗表面清洁无损伤

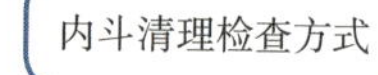
内斗清理检查方式

6. 确认工作斗处各操作手柄功能正常，功能按钮正常

（1）操作工作斗来回摆动，检查有无动作不良的状态。

（2）检查有无间隙。

（3）目视检查有无漏油现象。

（4）检查各项按钮开关及操作手柄操作灵活性。

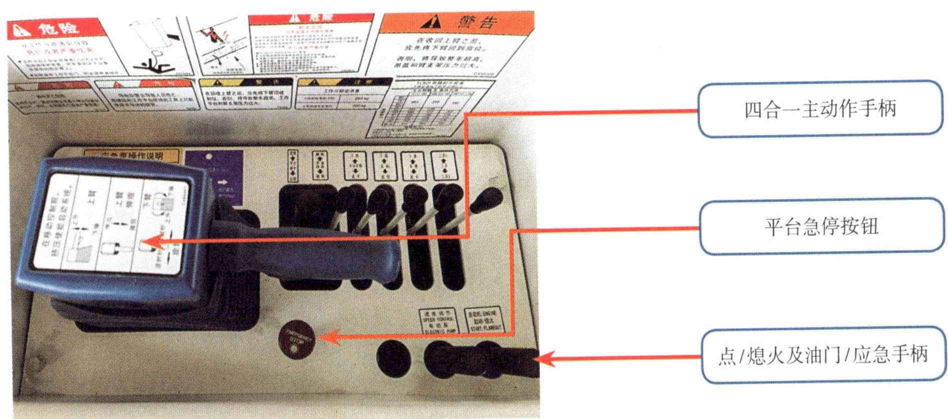

7. 确认液压油状态

（1）通过目测确认油箱油管有无渗漏油。

（2）通过目测液压油油温油位计初步判断液压油的状况。

（3）检查液压油量是否达到最低油位。

8. 确认取力器及齿轮泵状态

（1）通过目测确认取力器有无渗漏油。

（2）发动机起动后，取力器按钮开关处于“合”的位置，确认取力器运转无异响。

（3）通过目测确认齿轮泵有无渗漏油。

取力器

齿轮泵

9. 确认主系统压力

（1）发动机起动后，取力器运转，将上下车支腿开关转至下车。

（2）操作垂直支腿处于回收状态，进行憋压。

（3）通过目测确认下车支腿溢流压力为15MPa。

（4）在转台处操作伸缩臂回收处于溢流压力，此时为整车系统压力20MPa。

10. 确认上下车互锁状态

（1）通过目测确认上下车互锁电磁换向阀无渗漏液压油。

（2）确认上下车互锁电磁换向阀两侧手动旋钮开启自如。

（3）通过目测确认上下互锁标识是否完整。

11. 确认应急电动泵状态

（1）通过目测确认应急电动泵无渗漏液压油。

（2）通过下车控制箱处应急按钮确认应急电动泵功能正常。

（3）分别通过转台处、平台处应急按钮确认应急电动泵功能正常。

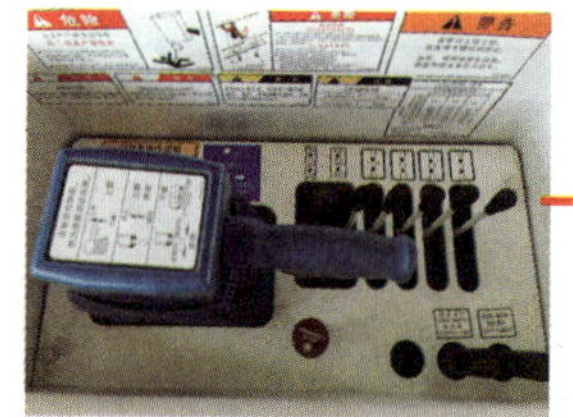

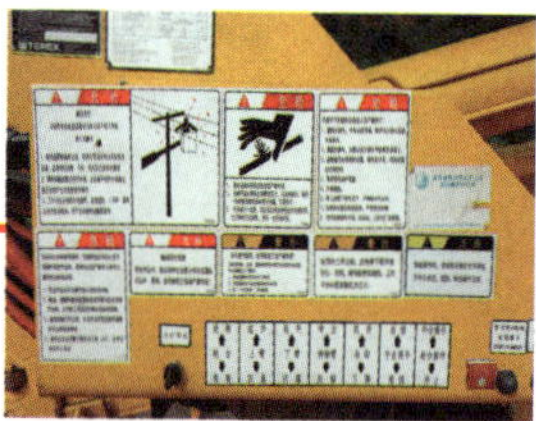

12. 确认上下车互锁保护状态

（1）通过目测确认臂架到位接近开关在收回到臂支架上明亮。

（2）测试工作状态下，当支腿支撑不实时，切断上车动力油源。

（3）测试臂架未收回臂支架上，不能进行支腿操作。

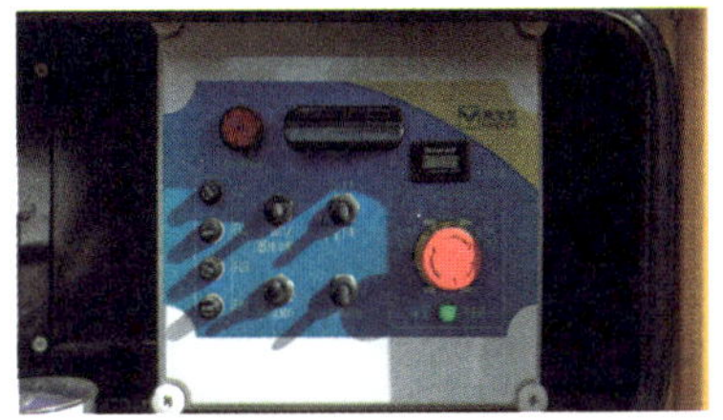

13. 确认急停按钮保护正常

（1）发动机起动后，取力器运转，在车辆尾部下车控制箱处进行测试。

（2）按下急停按钮，切断整车动力源，发动机同时熄火。

（3）按急停按钮上箭头方向旋转弹出，恢复车辆正常操作，确认急停按钮工作状态完好。

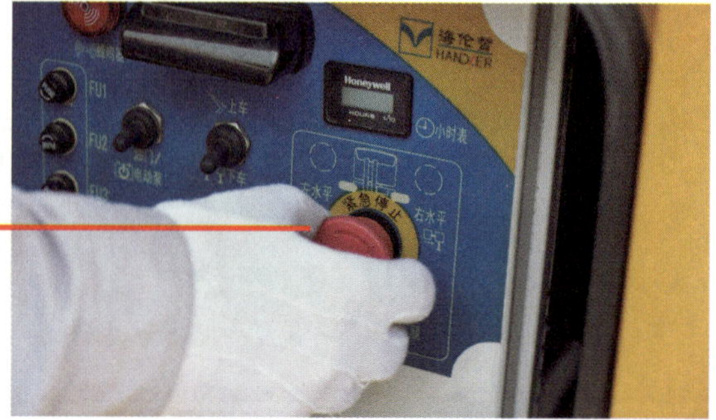

14. 确认接地线状态

（1）将接地线完全展放开，检查接地线绝缘层是否完好，接地线有无断股，如出现破损、断股等异常现象需及时更换。

（2）目测确认接地线线夹完好。

（3）测试接地线卷盘收放自如。

15. 确认各操作、警告标示状态

（1）目测确认平台、转台、下车等位置的警告标示清晰完好，发现缺失、破损及时更换。

（2）目测确认各操作位置的操作标示清晰完好，发现缺失、破损及时更换。

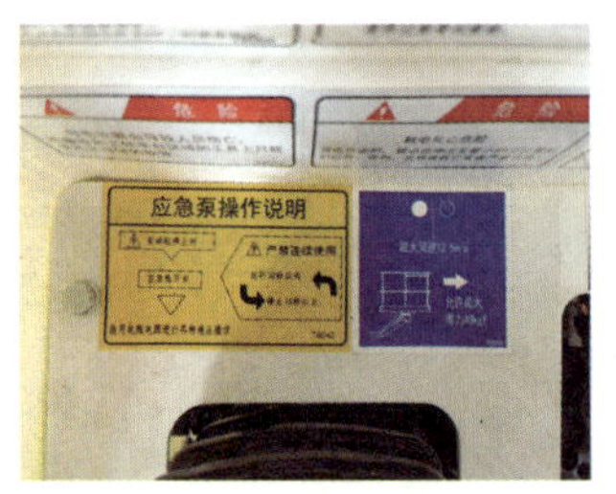

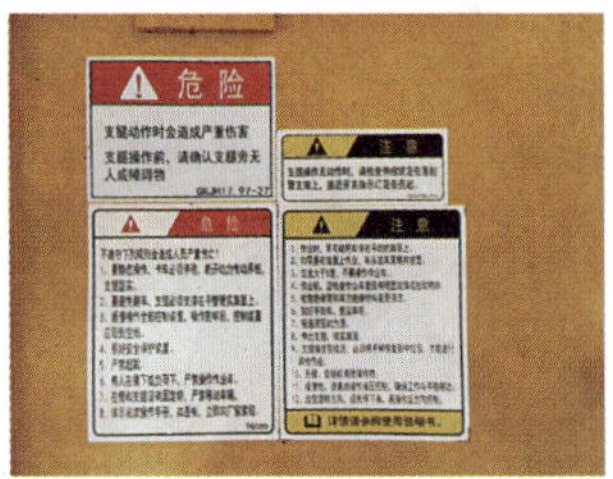

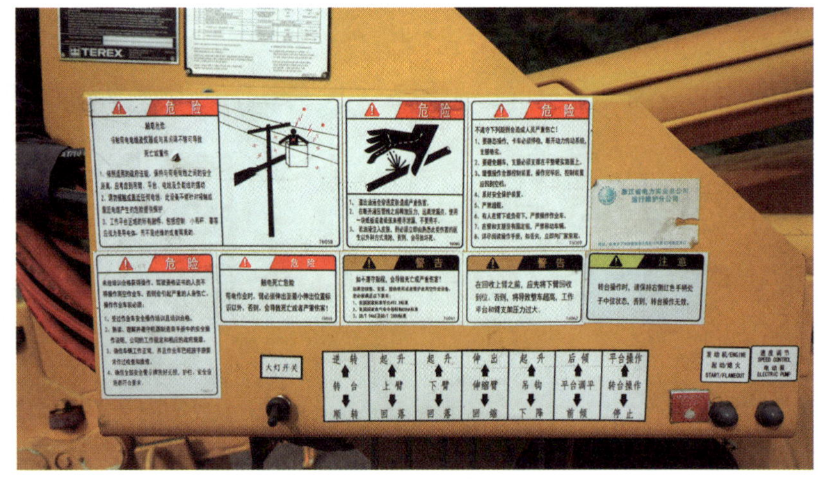

16. 转台多路阀及绝缘油管检查

（1）目测确认转台多路阀无液压油渗漏。

（2）目测确认转台处各绝缘油管接头无松动、油管无缺陷，如发现绝缘油管起波纹、扁平、折弯需立即更换。

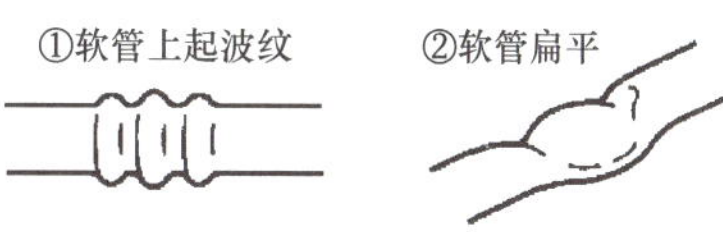

③软管弯折成尖角“<”形状

以上情况立即更换软管

17. 平台多路阀及绝缘油管检查

（1）目测确认平台多路阀无液压油渗漏。

（2）目测确认平台处各绝缘油管接头无松动、油管无缺陷，如发现绝缘油管起波纹、扁平、折弯需立即更换。

①软管上起波纹

②软管扁平

③软管弯折成尖角“<”形状

以上情况立即更换软管

18. 臂架关节结构检查

（1）目测检查臂架关节松动或缺少。

（2）如发现臂架关节松动或缺少，需立即停止使用并更换。

19. 主调平油缸销轴检查

目测检查主调平油缸销轴有无松动或脱落，避免作业时主调平油缸销轴脱落造成机械事故。

20. 从动调平油缸销轴检查

目测检查从动调平油缸销轴有无松动或脱落，避免作业时从动调平油缸销轴脱落造成机械事故。

21. 下臂油缸销轴检查

目测检查下臂油缸销轴有无松动或脱落，避免作业时下臂油缸销轴脱落造成机械事故。

22. 上臂油缸销轴检查

目测检查上臂油缸销轴有无松动或脱落，避免作业时上臂油缸销轴脱落造成机械事故。

23. 电气性能检测有效期内检查

（1）目测检查电气性能检测在有效期内。

（2）超过电气性能检测有效期禁止使用，待试验合格后方可投入使用。

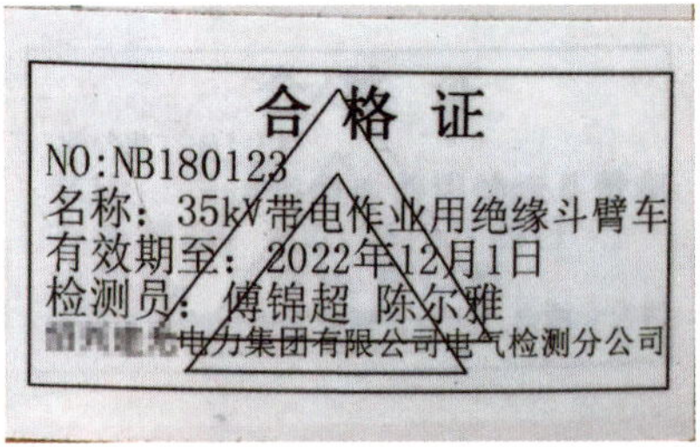

合格证
NO:NB180123
名称：35kV带电作业用绝缘斗臂车
有效期至：2022年12月1日
检测员：傅锦超 陈尔雅
电力集团有限公司电气检测分公司

（三）行车前安全确认

1. 确认底盘油位、水位等在规定范围内

发动机机油高于最低刻度

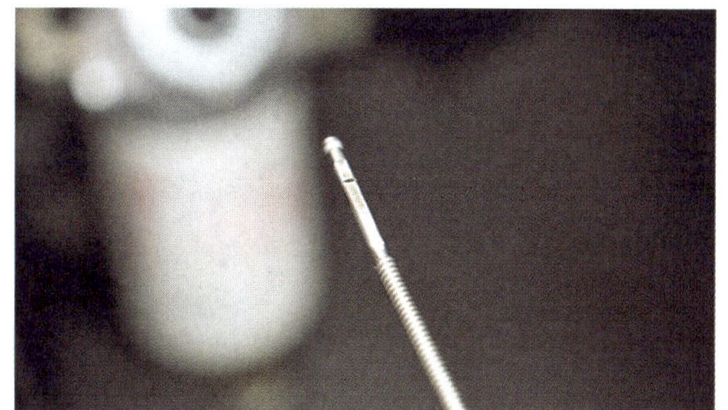

发动机水位高于最低刻度

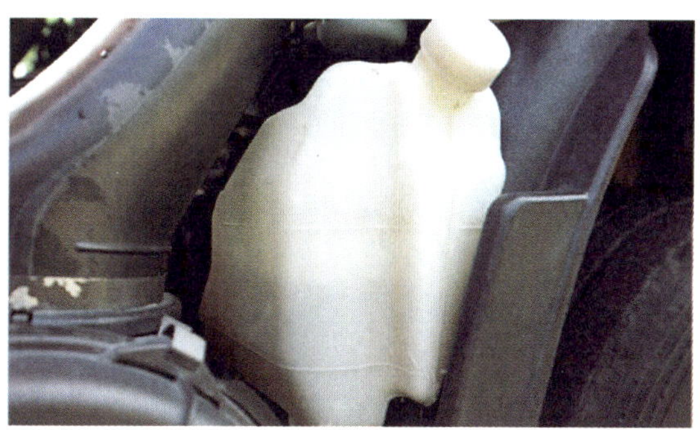

2. 确认工作臂落到位，不得悬空，并确认绑带紧固

（1）检查前后两处工作臂托架是否落到位，固定带是否捆扎牢固，不得悬空。

（2）如未捆扎牢固，则在行驶过程中臂架晃动扭曲，对绝缘臂具有一定疲劳损伤。

3. 确认绝缘小吊处于初始状态，确认各销轴锁紧插牢

（1）绝缘小吊绳收紧。

（2）绝缘小吊杆收至行驶状态，避免超过车辆正常行驶高度。

（3）各销轴处于插牢锁紧状态。

（4）调整小吊杆向车头方向。

各销轴锁紧插牢

4. 确认绝缘内斗内无遗漏的工具或物品

检查绝缘内斗有无遗留物，为避免遗留物在行车过程中因颠簸造成对绝缘内斗损伤，需及时清理绝缘内斗中的物品。

绝缘内斗无遗留物

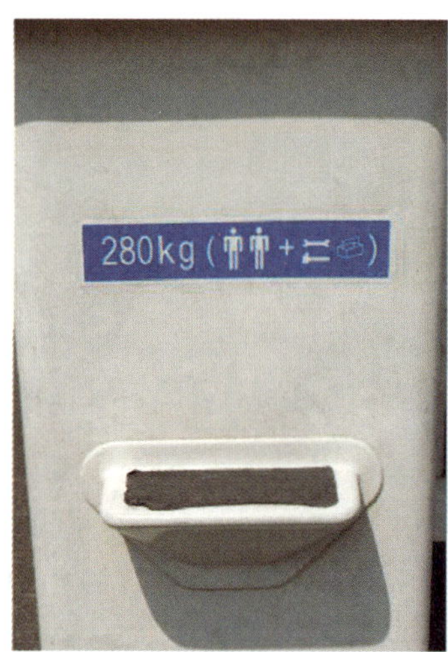

工作平台额定载荷标识清晰

5. 确认支腿处于完全回缩状态

（1）确认车辆水平支腿处于完全回收状态。

（2）确认车辆垂直支腿处于完全回收状态。

（3）确认车辆活动阶梯处于回收状态。

注意！行车前，确保支腿完全回缩到位。

前后左右四条垂直支腿完全回收

前后左右四条水平支腿完全回收

收回活动阶梯

6. 确认工具箱、控制箱门在可靠关闭状态

确认车辆工具箱、控制箱门在可靠关闭状态，避免行车过程中工具遗失或造成交通事故。

右侧工具箱门锁

左侧工具箱门锁

后控制箱门锁

7. 确认取力开关状态，使取力齿轮与汽车变速箱齿轮脱离

（1）将驾驶室内取力器按钮关闭。

（2）确认取力器于脱开状态。

行车状态时取力器需处于脱开状态

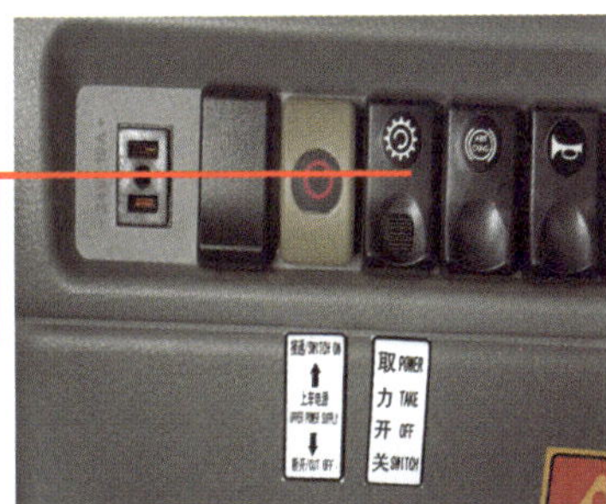

8. 确认电源开关处于关闭状态

确认上装电源处于关闭状态。

行车状态时需关闭上装电源

9. 确认燃油油量、尿素存量满足作业要求

（1）确认燃油表油量能够满足作业要求。

（2）确认尿素存量能够满足作业要求。

燃油表油量

尿素存量状态

尿素存量不足会导致车辆无法正常行驶及上装动作不正常。需及时添加尿素。

二 作业前检查项目

（一）现场操作条件确认

1. 确认作业现场危险区域

绝缘斗臂车不得在有火灾、爆炸危险的区域、高热、腐蚀性的环境以及对操作人员健康有害的粉尘环境工作。

2. 确认作业现场可视度

（1）如果必须在低能见度或夜间工作，必须采取措施使平台工作的整个区域保证良好的能见度。

（2）没有保证能见度，或者只保证部分区域或一个方向的能见度，可能存在导致人员严重伤害的危险。

夜间作业时，请确认作业现场的照明，尤其是操作装置部位。为了防止误操作，应保证足够的亮度。

3. 确认作业现场地面要求

（1）绝缘斗臂车工作处地面应坚实、平整，地面坡度超过5°时不得工作。

（2）当地面松软不足以支撑支脚时，必须在支脚下加垫支撑物（如厚木板），以增大支撑面积，减小压力。

（3）支脚要落在支撑物的中心。

（4）绝缘斗臂车支腿在地面上支起后，车轮离地面不小于20mm。

（5）软土地面应使用垫块或枕木，垫放时垫板重叠不超过2块，呈45°放置。

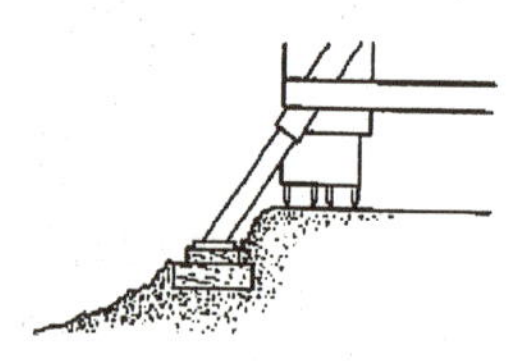

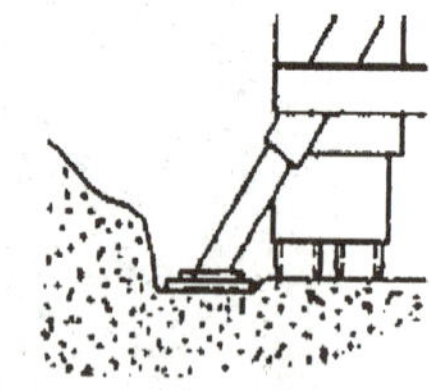

在超过5°的坡面上作业会导致车辆倾翻。水平仪只为帮助操作者指示绝缘斗臂车是否放置水平。

4. 确认作业现场环境温度

绝缘斗臂车工作的环境温度范围是-25～+40℃，超出此范围以外不得工作。

5. 确认作业现场风力要求

（1）强风能使工作平台的结构过载。

（2）使用绝缘斗臂车时应随时注意风速，不得超过6级（12.5m/s）。

（3）当超过允许的风速时，须停止工作，将工作平台降回初始位置。下表可作为测量风力的参考。

现场作业前，须进行风速测量。风力超过6级（12.5m/s）时，绝缘斗臂车不得工作。

风力		风速(m/s)	现象
0	无风	0.3	烟一直向上
1	轻风	0.3～1.4	看烟可知风向，风向标不转
2	轻微风	1.4～3	树叶摇动，人的面部能感觉到风
3	轻微风	3～5.3	树叶和小树摇动
4	弱风	5.3～7.8	尘土和纸张被吹起
5	强弱风	7.8～10.6	水面上有小波浪
6	强风	10.6～13.6	旗杆弯曲，打伞行走困难
7	强风	13.6～16.9	树在晃动，迎风行走困难
8	暴风	16.9～20.6	树枝断裂，在开阔地行走困难
9	暴风	20.6～24.4	对建筑物有小的损害
10	大暴风	24.4～28.3	对建筑物有较大损坏，树连根拔起

6. 确认带电等级要求

（1）在进行带电作业时，注意选择合适额定电压等级的绝缘斗臂车。

（2）绝缘材料的绝缘性能随海拔升高而降低，海拔每升高1000m，绝缘性能降低8%。

（3）最小有效绝缘长度应随海拔进行修正。

海拔 H（m）	最小有效绝缘长度（m）	
	10kV线路	35kV线路
$H \leqslant 3500$	1	1.5
$3500 < H \leqslant 4500$	1.2	1.8

7. 确认极端天气

雨、雪、雾、雷天气或空气相对湿度大于90%（+25℃）时，绝缘斗臂车严禁工作。

8. 确认支腿停放处避开沟道盖板

（1）避免支腿停放在沟道盖板上。

（2）地面应坚实平整，支撑应稳固可靠，作业过程中地面不应下陷。

9. 确认支腿支撑接触情况

（1）垂直支腿伸出后，要检查支腿和地面的接触情况，保证四条支腿和地面完全牢固接触。

（2）支腿下有石块或其他物体，会影响绝缘斗臂车的稳定性。

（3）不平整的地面应将其修缮平整。

10. 确认设置交通警告标志

对有道路隔离带的，在道路前方30～50m处设置交通警告标志；对无道路隔离带的，在道路前后方30～50m处设置交通警告标志。

11. 作业区域警示标志及区域划分

城区、人口密集区或交通道口和通行道路上施工时，工作场所周围应装设遮栏（围栏），并在相应部位装设警告标示牌，必要时派人看管。

12. 确认作业现场电压等级

（1）现场工作负责人需确认线路电压等级。

（2）在不明确工作电压的情况下，禁止使用绝缘斗臂车进行带电作业。

警告！需参照绝缘斗臂车绝缘耐压为10kV/35kV等级进行作业，不得在高于10kV/35kV电压环境下进行带电作业，否则有可能造成人员伤亡和设备损坏。

13. 确认车辆状态

查看记录表，确认车辆有无遗留的故障没有处理。

车辆检修的时候禁止高空作业，检查结果要制作成记录表。

（1）作业前检查（使用者）。
（2）月度检查（自主）。
（3）年度检查（属于特定检查，应委托专业人员）。

（二）操作前准备工作

1. 培训取得操作证

（1）操作人员必须经过系统的专业能力岗前培训并考试合格获得相应的操作证［满足《带电作业用绝缘斗臂车使用导则》（DL/T 854—2017）4.1的明确要求］。

（2）未经岗位能力培训考核合格者，不得操作绝缘斗臂车参与施工作业。

（3）未获得政府专用汽车驾照人员不得驾驶绝缘斗臂车上路。

（4）未取得带电作业资格证书的人员禁止进行带电作业。

2. 检查绝缘斗臂车主辅绝缘状况

（1）检查绝缘斗臂绝缘表面状况，绝缘斗、绝缘臂应清洁、无裂纹损伤。

（2）玻璃钢臂的外表面用干燥、柔软、不起毛的布擦拭。

（3）作业臂脏污时，用柔软、不起毛的布蘸取适量中性表面清洁剂进行擦拭。

3. 检查绝缘斗臂车动作正常

（1）操作人员应在绝缘斗臂车下方操作位置空斗试操作一次。

（2）确认液压传动、回转、升降、伸缩系统工作正常、操作灵活，制动装置可靠。

4. 车辆气压检查确认

（1）气压过低有可能导致无法挂上取力器，工作前应先检查气压和蓄电池容量。

（2）如气压过低，应空挡运转为蓄电池、储气筒充电和打气。

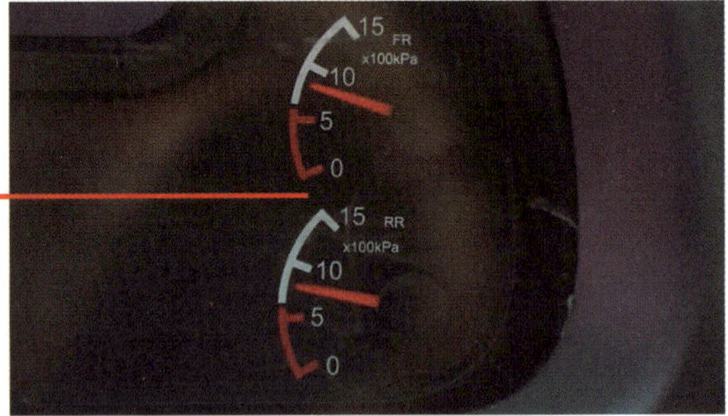

5. 车辆预热

（1）新车或环境温度较低时，起动油泵后必须在无负载下运行5～8min，预热液压系统，然后再进行作业。

（2）如不预热，将缩短车辆的使用寿命或引起动作不良。作业开始前请把取力器开关置于“ON”进行预热运转，特别是冬季要充分进行预热运转。

上车电源、取力器开关同时置于“ON”

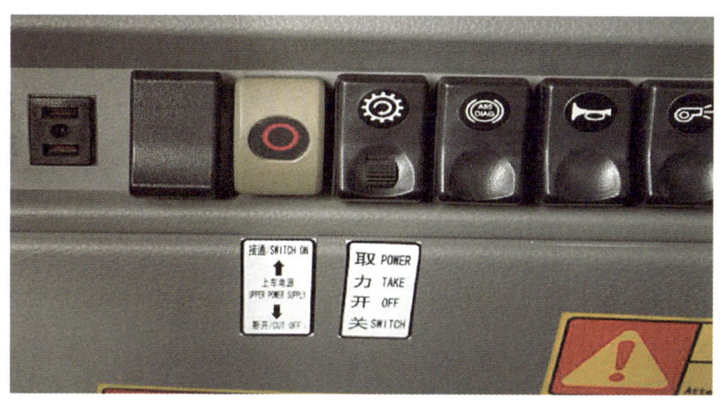

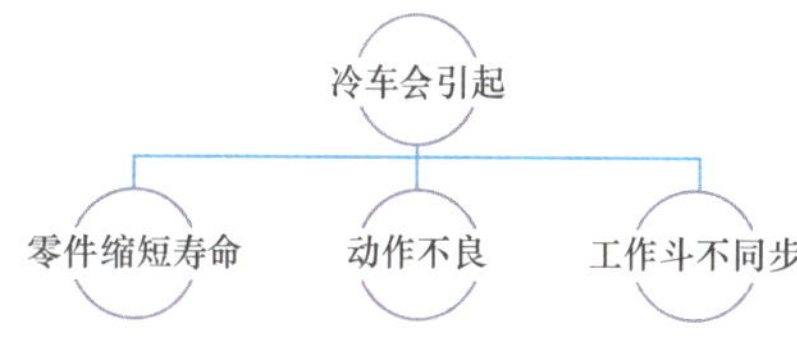

6. 作业前车体接地良好

（1）绝缘斗臂车的车体应使用截面积不小于16mm²的软铜线良好接地。

（2）临时接地体埋深应不少于0.6m。

（三）作业前安全确认

1. 确认绝缘性能试验

（1）作业前再次确认车辆电气性能检测合格证是否在有效期内。

（2）超过电气性能检测有效期禁止使用，待试验合格后方可投入使用。

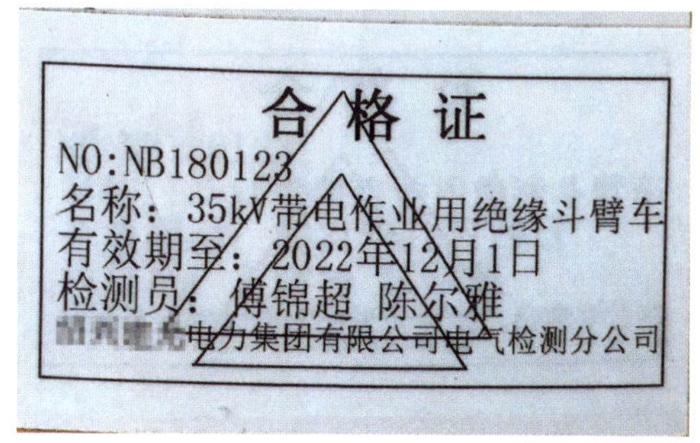
合格证
NO:NB180123
名称：35kV带电作业用绝缘斗臂车
有效期至：2022年12月1日
检测员：傅锦超 陈尔雅
电力集团有限公司电气检测分公司

2. 斗内放入防滑垫

斗内应铺设防滑绝缘垫，防止脚下打滑。

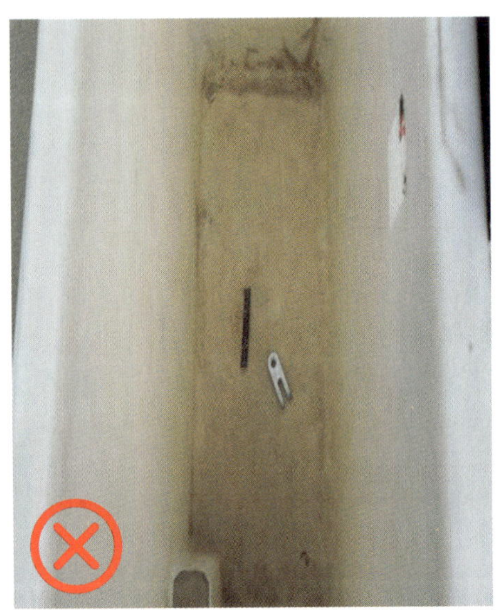

3. 确认急救箱和灭火器

（1）夏天容易中暑，须配备一些常用药物和所需物品。

（2）考虑到意外事故或火警情况，需要配备灭火器。

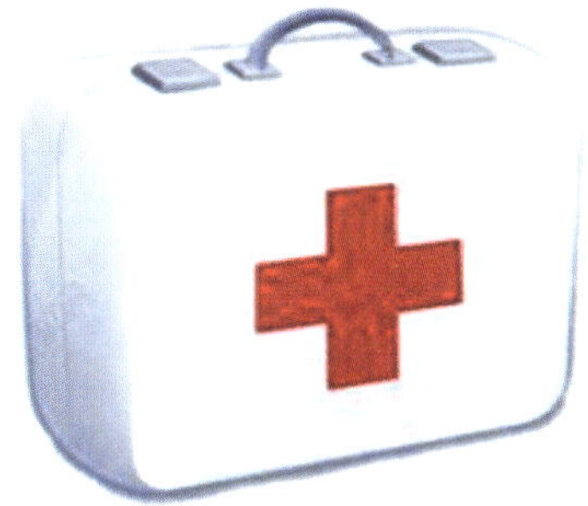

4. 车辆在坡道停放要求

（1）车辆在坡道停放时，要将稳定性差的方向向着坡道上方，通常双排驾驶室车型前方稳定性一般较其他方向差，故在坡道作业时，驾驶室朝向上坡。

（2）单排驾驶室车型后方稳定性差，驾驶室宜朝向下坡，具体车型稳定性分布需经制造厂确认。

（3）双排驾驶室车型在驾驶室上方作业时，坠物易损伤驾驶室，应尽可能避免在驾驶室方向作业。

5. 斗内不得垫高

（1）操作时，禁止采用凳子或梯子等垫高方式工作。

（2）不得攀登工作斗沿工作，工作时不得将身体重心探出工作平台以外。

6. 确认急停按钮

（1）作业前再次确认急停按钮是否工作正常。

（2）当出现危险情况时，按下该“红色”紧急停止按钮，停止整车所有操作。

7. 作业区域警示标志及区域划分

（1）确认工作区域，禁止非相关人员、动物、车辆进入区域。

（2）作业现场周围要设置警示标志，避免闲人入内。

（3）道路作业时，即使是白天作业，也要将车辆安装的警示灯全部打开。车辆尾部安装箭头指示灯可以提高安全性。

8. 检查油门怠速及应急泵

（1）发动机起动状态下按下该按钮，可以将发动机转速提高到高速状态；再次按下该按钮，可以使发动机转速降低到怠速状态（进行下车支腿操作时可提高发动机转速，以便加快支腿动作，操作完成后应使发动机转速降低到怠速状态）。

（2）发动机未起动状态下按下该按钮，应急电动泵开启，再次按下该按钮，应急电动泵停止。

（3）电动泵工作30s后自动停止，电动泵不可连续工作。

注意！应急液压电动泵连续运行不得超过30s，连续运行超时会耗尽电池电量，过热会造成电机损坏。

9. 绝缘斗臂车至少需要两人配合进行操作

绝缘斗臂车至少由两人配合进行操作，其中一人必须在地面下车位置或转台操作位置，随时准备进行应急处理工作。

10. 安装绝缘小吊

（1）小吊臂试操作回转、升降、伸缩的过程，确认液压、机械、电气系统正常可靠、制动装置可靠。

（2）吊绳试操作，确认下放、回收过程正常可靠。

（3）明确小吊载荷。

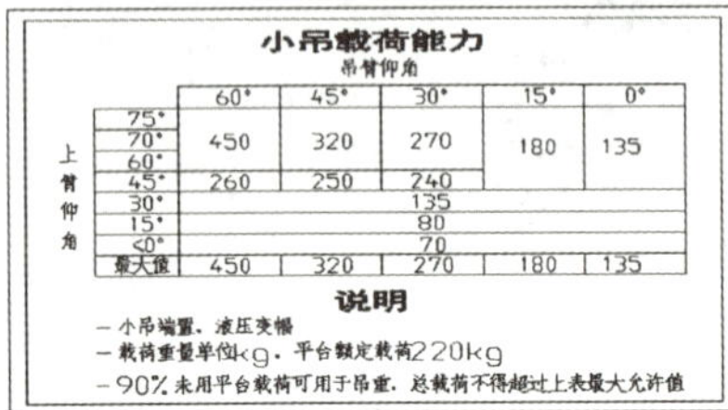

小吊载荷能力

<table>
<tr><td></td><td></td><td colspan="5">吊臂仰角</td></tr>
<tr><td></td><td></td><td>60°</td><td>45°</td><td>30°</td><td>15°</td><td>0°</td></tr>
<tr><td rowspan="8">上臂仰角</td><td>75°</td><td rowspan="3">450</td><td rowspan="3">320</td><td rowspan="3">270</td><td rowspan="4">180</td><td rowspan="4">135</td></tr>
<tr><td>70°</td></tr>
<tr><td>60°</td></tr>
<tr><td>45°</td><td>260</td><td>250</td><td>240</td></tr>
<tr><td>30°</td><td colspan="5">135</td></tr>
<tr><td>15°</td><td colspan="5">80</td></tr>
<tr><td><0°</td><td colspan="5">70</td></tr>
<tr><td>最大值</td><td>450</td><td>320</td><td>270</td><td>180</td><td>135</td></tr>
</table>

说明

- 小吊端置，液压变幅
- 载荷重量单位kg，平台额定载荷220kg
- 90%未用平台载荷可用于吊重，总载荷不得超过上表最大允许值

11. 检查安全防护措施

（1）高处作业应首先检查安全防护措施是否做好，安全防护设备是否合格。

（2）开始操作前，把安全带紧固到工作斗上专用的结点上。

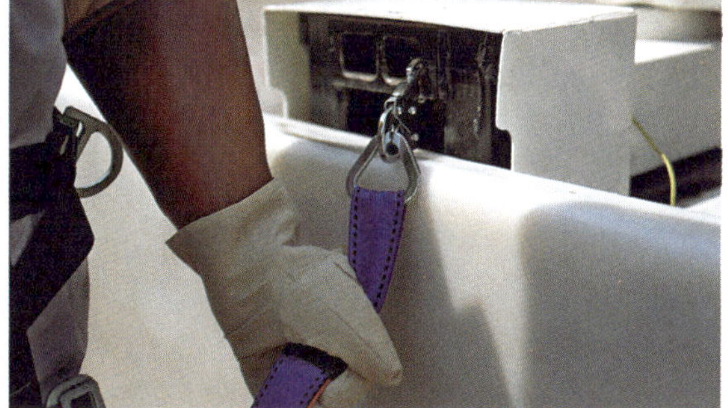

12. 确认带电作业危险性

（1）操作人员必须了解带电作业操作存在的相关危险性。

（2）由于工作性质决定，绝缘斗臂车正常使用时可能使操作人员、工作斗内的其他人员和地面人员暴露于高压电线和设备的极大危险之中。

（3）只有操作人员时时小心谨慎、知道绝缘斗臂车的局限性和其绝缘部分、了解如何保护自己和地面人员，才能避免这种危险。

现场检查工作票、现场作业指导书安措

注意！操作前务必要确认绝缘等级是否适合作业。

三 每月常规检查项目

（一）底盘检查确认

1. 检查车辆外观

（1）检查车辆外观，保持车辆清洁，结构确认完好。

（2）检查倒车镜、雨刷器、灯具，确认完好。

2. 检查车轮螺母是否松动

（1）使用手锤敲击检查轮胎螺栓紧固情况。

（2）必要时去往就近车辆维修站紧固。

确认紧固前后轮轮胎螺栓

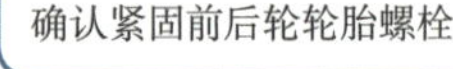

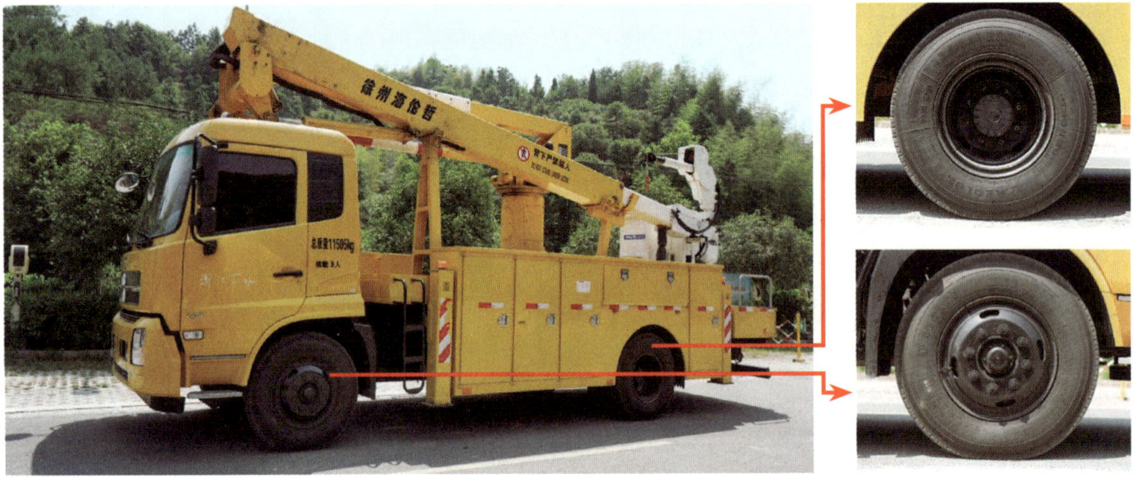

3. 检查轮胎的磨损程度

（1）胎压检测：通过轮胎气压表检查四个车轮及备胎的气压，确认是否在规定的范围值内。

（2）检查轮胎花纹深度。

（3）检查轮胎花纹磨损是否均匀。

（4）检查轮胎花纹内是否夹杂尖锐或较大的异物。

正常轮胎花纹

检查判断轮胎磨耗状态

4. 离合器的测试检查

（1）离合器打滑：起步时，不能起步或起步困难，加速时驾驶无力，严重时造成焦糊味或冒烟等现象。

（2）离合器分离不彻底：将离合器踏板踩到底，离合器动力不可以完全切断，挂挡困难、打齿、离合器发热。

（3）离合器颤动：起步时整车抖震，怠速转动、挂低挡逐渐放抬离合器踏板起步时，车有连续性冲击。

（4）离合器响声不正常：当踩下离合器踏板时，离合器响声，起步时接合或行进中分离时造成响声并伴有发抖。

注意！行车时一定要注意一挡起步，离合器磨损严重会影响行车及上装部件正常运行。

5. 检查底盘发动机机油油量

（1）发动机起动3～5min后关闭发动机。

（2）在发动机左后侧将机油标尺抽出，取干净纸巾擦净后插入原位。

（3）再次取出机油标尺，观察机油标尺上下刻度位置。

发动机机油标尺

机油标尺上下刻度之间

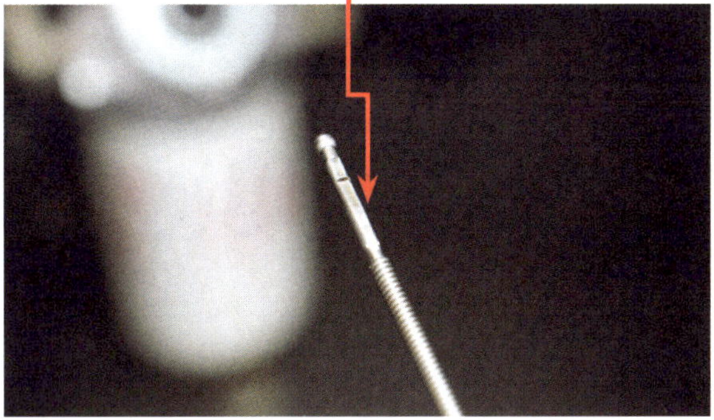

6. 底盘电瓶的检查

（1）看电瓶外观：仔细观察汽车电瓶的两侧是否出现比较明显的膨胀变形或鼓包。

（2）测电瓶电压：通过电瓶测量仪或万用表测量电瓶的电压来判断是否需要更换。

（3）禁止汽车熄火后使用汽车电器，发动机在不发电的状态下单独使用蓄电池，会对其造成损害。

底盘电瓶所在位置

7. 随车工具的检查

检查随车工具是否齐全

8. 驾驶室安全带检查

（1）抓住安全带慢慢往外拉，会越拉越长越拉越长，可以全部慢慢拉出来。

（2）如抓住安全带猛的用力拉，安全带会卡死，无法往外拉出，这是正常的。能够保证紧急状况下，身体被拉住不向前倾。

驾驶室安全带

安全带搭扣

9. 检查仪表盘

（1）检查仪表指示灯及仪表工作状态正常。

（2）检查燃油表油量工作正常。

（3）确认尿素存量显示正常。

（4）检查底盘储气筒气压正常。

尿素存量不足会导致车辆无法正常行驶及上装动作不正常。需及时添加尿素。

底盘储气筒气压＞850kPa，如果气压低，车辆会报警，手刹无法解除，车辆无法行驶，取力器无法使用。

（二）液压系统检查

1. 检查液压油油位及品质

（1）目测检查液压油箱油温油位计表，液压油油位应处于油位上线及下线之间。

（2）目测观察油温油位计油窗，液压油无乳化浑浊现象，如有需及时更换液压油。

（3）观察回油滤芯真空度表，表针处于绿区为液压油清洁度合格，如其他区域需及时更换液压油。

推荐：每1200h或每12个月更换（首次应300h或3个月更换）

2. 确认主系统压力

（1）发动机起动后，取力器运转，将上下车支腿开关转至下车。

（2）操作垂直支腿处于回收状态，进行憋压。

（3）通过目测确认下车支腿溢流压力为15MPa。

（4）在转台处操作伸缩臂回收处于溢流压力，此时为整车系统压力20MPa。

3. 检查取力器及液压泵

（1）通过目测确认取力器有无渗漏油。

（2）发动机起动后，取力器按钮开关处于“合”的位置，确认取力器运转无异响。

（3）通过目测确认齿轮泵有无渗漏油。

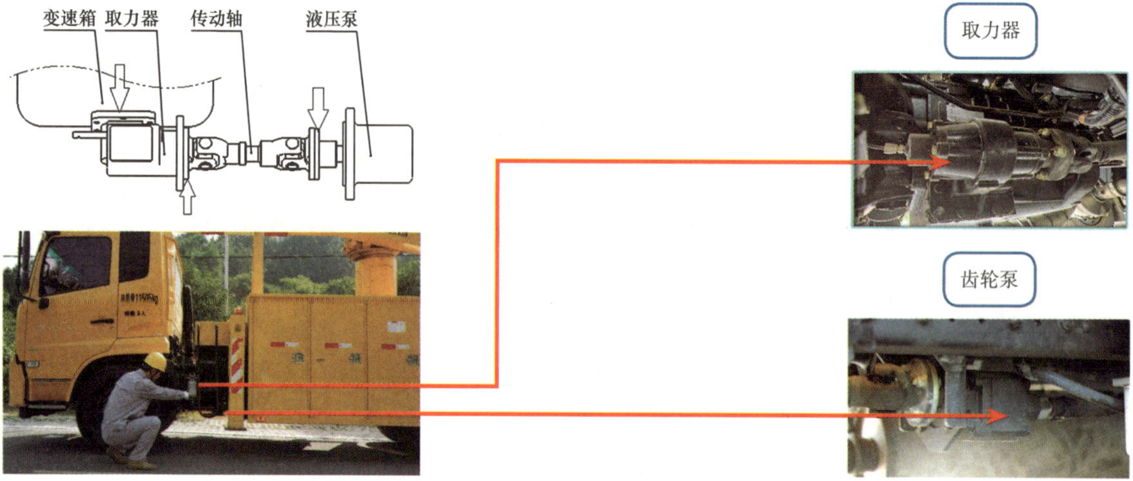

4. 平台多路阀及绝缘油管检查

（1）检查平台多路阀无液压油渗漏。

（2）检查平台处各绝缘油管接头无松动、油管无缺陷，如发现绝缘油管起波纹、扁平、折弯，需立即更换。

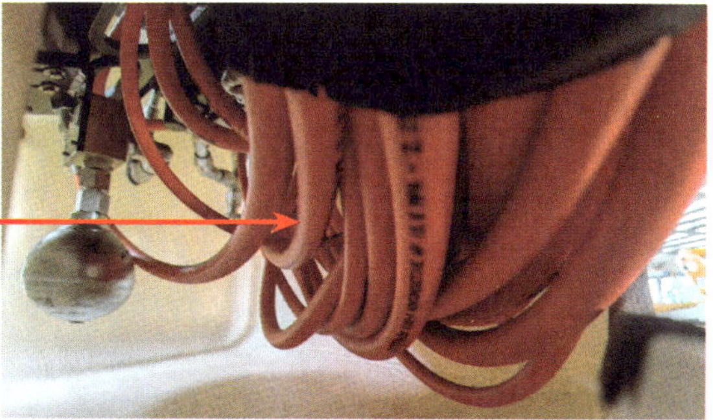

5. 转台多路阀及绝缘油管检查

（1）目测确认转台多路阀无液压油渗漏。

（2）目测确认转台处各绝缘油管接头无松动、油管无缺陷，如发现绝缘油管起波纹、扁平、折弯，需立即更换。

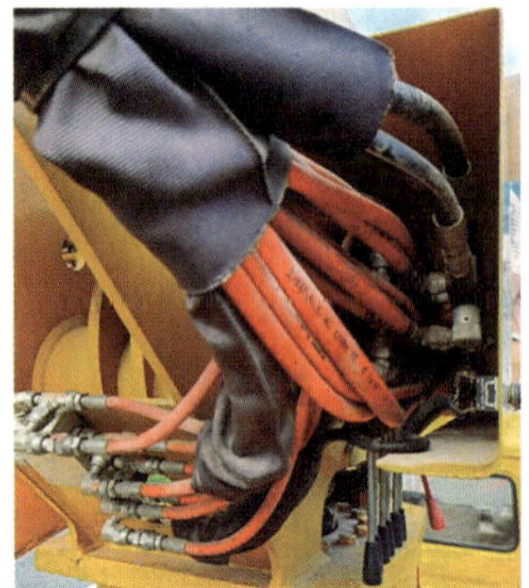

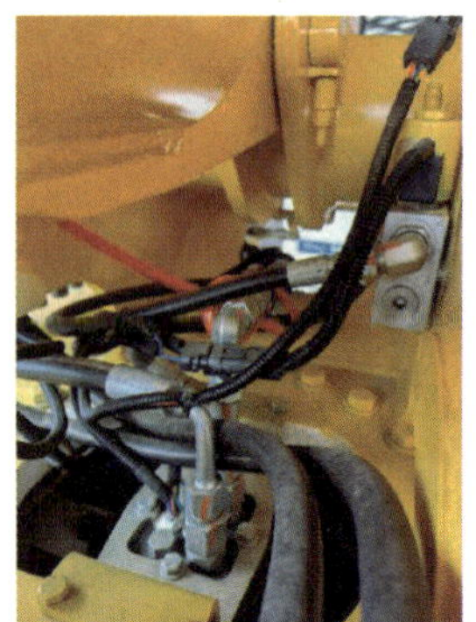

6. 检查各油缸密封、油缸连接油管及接头

（1）如有油缸漏油以及破损，发现后不可继续操作，需立即停机检修。

（2）起动齿轮泵后，操作各动作，如有异响等，需立即停机检修。

7.检查应急电动泵

（1）通过目测检查应急电动泵及其接头油管无渗漏液压油。

（2）通过下车控制箱应急按钮确认应急电动泵功能正常。

（3）分别通过转台、平台应急按钮确认应急电动泵功能正常。

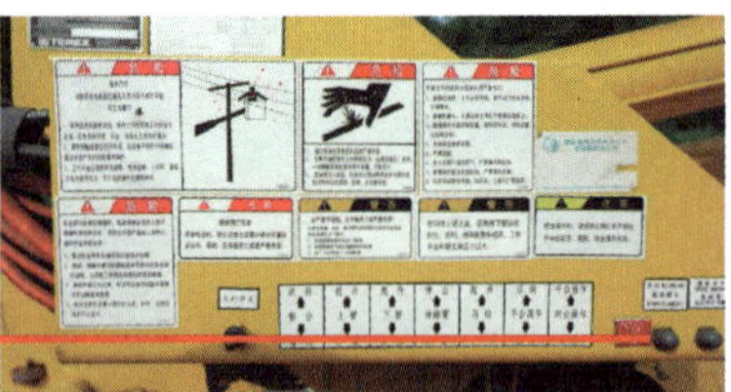

8. 检查上/下车互锁阀装置

（1）阀的两端设有手动操作旋钮，当臂支架行程开关出现故障无法收支腿时，可以顺时针操作右端旋钮旋入，应急收回支腿。

（2）当支腿松动，上车操作无法进行时，可以顺时针操作左端旋钮旋入，应急将臂架回落。

警告！应急操作结束后，必须立即恢复旋钮，否则上下车互锁装置失效，对人员造成严重伤亡。

9. 检查工作斗调平

（1）工作斗单侧放置100kg载荷后，变幅起升，中间停顿多次，工作平台底面与水平面的夹角应≤3°。

（2）检查主、从调平油缸杠杆有无渗漏油现象。

（3）放置一定时长或工作过程中出现工作斗倾斜，需及时维修处理。

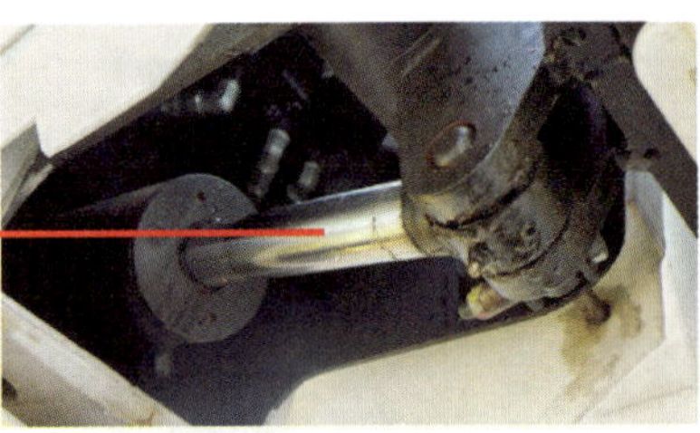

10. 润滑油添加部位和添加周期

（1）当外界气温在-10℃以下时，请不要添加润滑油脂。

（2）请按以下润滑表提供周期进行加注润滑油脂。

（3）润滑油：极压锂基润滑脂2号。

（4）在润滑后，将多余的润滑剂除去，以避免沾染碎屑和灰尘。

（5）在工作负荷重、环境条件恶劣情况下，增加润滑的频次。

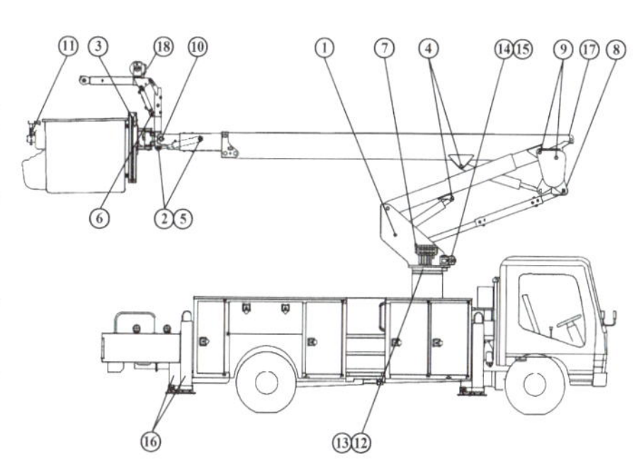

序号	润滑点部位	数量	润滑油种类	周期
①	变幅缸下销轴	2	极压锂基润滑脂2号	1个月
②	调平油缸上销轴	2	极压锂基润滑脂2号	
③	升降导轨面	2	极压锂基润滑脂2号	
④	变幅缸上销轴	2	极压锂基润滑脂2号	
⑤	调平油缸下销轴	2	极压锂基润滑脂2号	
⑥	小吊变幅缸销轴	2	极压锂基润滑脂2号	3个月
⑦	连杆下销轴	1	极压锂基润滑脂2号	
⑧	连杆上销轴	1	极压锂基润滑脂2号	
⑨	大臂销轴	6	极压锂基润滑脂2号	
⑩	伸缩臂上销轴	1	极压锂基润滑脂2号	

序号	润滑点部位	数量	润滑油种类	周期
⑪	阀铰链	1	极压锂基润滑脂2号	3个月
⑫	回转支承	1	极压锂基润滑脂2号	6个月
⑬	回转支承齿轮	1	极压锂基润滑脂2号	
⑭	回转减速机齿轮	1	90号工业齿轮油	
⑮	回转减速机	4	极压锂基润滑脂2号	
⑯	活动支腿接触面	4	极压锂基润滑脂2号	1年
⑰	内臂后滑块	1	极压锂基润滑脂2号	
⑱	卷扬减速机	1	90号工业齿轮油	
注：底盘部分的润滑按配套底盘的使用说明书进行。				

（三）机械性能检查

1. 臂架关节结构检查

目测检查臂架关节有无松动或缺少，如发现松动或缺少，需立即停止使用并更换。

2. 主调平油缸销轴检查

目测检查主调平油缸销轴有无松动或脱落，避免作业时主调平油缸销轴脱落造成机械事故。

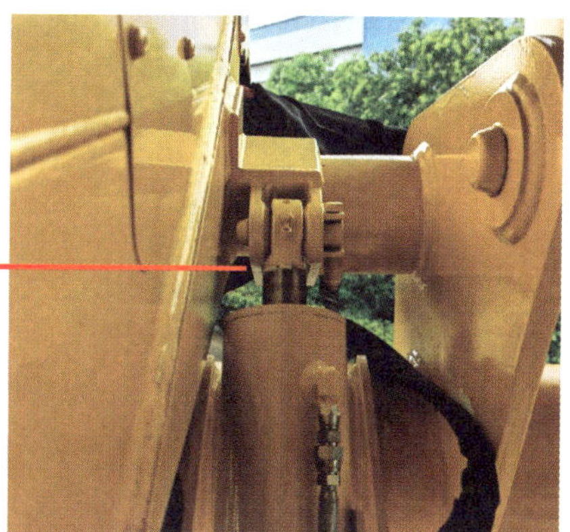

3. 从动调平油缸销轴检查

目测检查从动调平油缸销轴有无松动或脱落，避免作业时从动调平油缸销轴脱落造成机械事故。

4. 下臂油缸销轴检查

目测检查下臂油缸销轴有无松动或脱落，避免作业时下臂油缸销轴脱落造成机械事故。

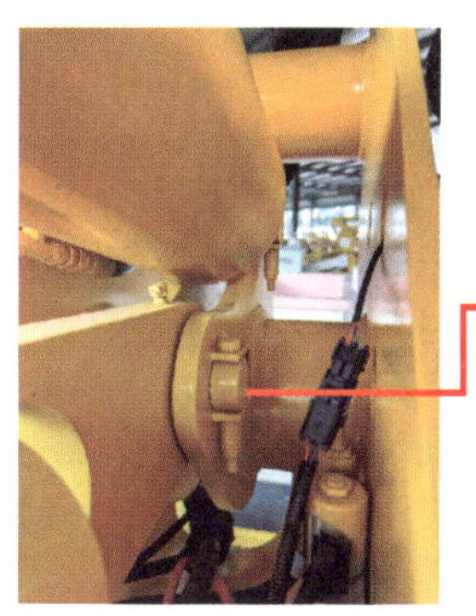

5. 上臂油缸销轴检查

目测检查上臂油缸销轴有无松动或脱落，避免作业时上臂油缸销轴脱落造成机械事故。

6. 工作斗缓冲橡胶圈检查

（1）目测检查工作斗底缓冲橡胶圈有无裂纹、开裂，如有裂纹、开裂需及时更换。

（2）抬起工作斗，工作斗底缓冲橡胶圈能够恢复原状态，如无法恢复至原状态需及时更换。

7. 臂架捆绑机构检查

（1）目测检查臂架捆绑机构、绑带完好，如破损需及时更换。

（2）检查托架缓冲块，如破损需及时更换。

8. 小吊绳索检查

（1）必须检查合成材料绳索是否有任何老化，如破损需及时更换。

（2）检查发现小吊绳索如有损伤，应向有资格人员报告，由其确定是否继续使用合成材料绳索。

（3）小吊绳推荐每2年更换。

小吊绳索不得存在下列缺陷

1）外部过度粗糙；
2）有光泽或者光滑区域，表明存在热损坏；
3）有平面、凸起或者结块，这些表明绳芯或者绳内部损坏；
4）绳股割断或者严重磨损；
5）可能由于化学污染引起的变色区域；
6）绳索变硬，表明过多污垢或者砂砾嵌入或者受到冲击载荷损坏；
7）打开绳股，寻找粉状纤维，表明绳子存在内部磨损；
8）检查眼孔接头的编织是否正确以及是否磨损。

9. 吊钩检查

（1）吊绳的吊钩和安全销必须检查，出现任何缺陷必须丢弃，不允许现场焊接，吊钩安全销损坏必须马上更换。

（2）吊钩或配件上有裂纹必须马上停用，吊钩螺栓必须检查有无腐蚀和变形。

（3）吊钩卡锁是限制装置，须定期进行检查，保证其工作正常。如发生损坏必须立即更换。

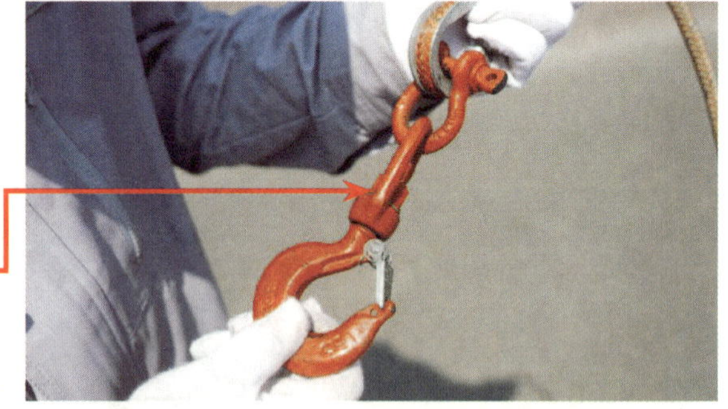

警告！行车之前，必须用固定带将上臂完全固定到臂支架上。如果臂在支架上跳动，玻璃钢在靠近支架处开裂和破碎，最终使臂弯曲。绝缘臂变形会造成人员伤亡。

10. 液压小吊操作性能检查

（1）液压小吊主要部件包括滑车轮、绞车绳、吊杆和绞车,手动倾斜和旋转吊杆。

（2）依次操作小吊降小吊绳、吊臂变幅等动作。

（3）依次检查小吊滑轮、绳卡销、吊杆、绞车罩壳的完整清洁，如有问题及时修复。

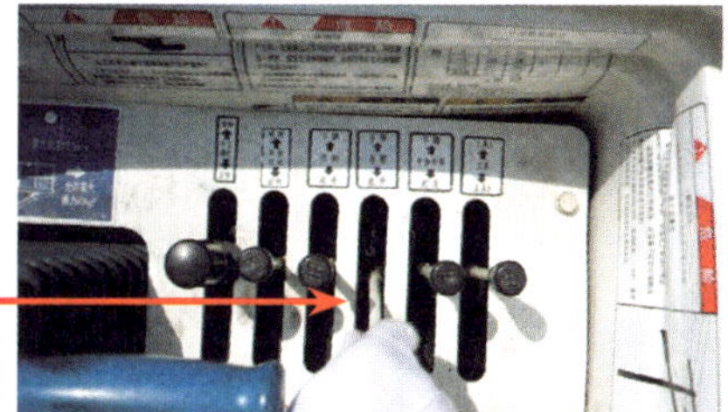

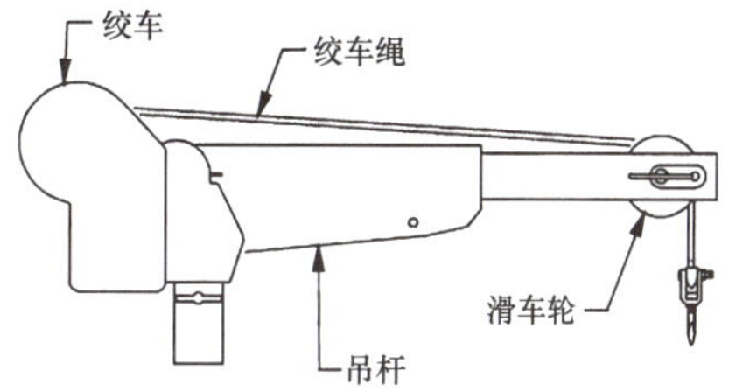

11. 工作斗升降动作检查

（1）通过工作平台操作，确认工作斗升降有无异常。用工作斗升降开关进行操作，应能使工作斗垂直升降60cm。

（2）工作斗升、降滑动表面不需要润滑，如果变脏或对耐磨垫进行调整时，需要清洁。耐磨垫间隙超过2mm时应进行更换，更换时固定螺栓上使用蓝色螺纹胶。

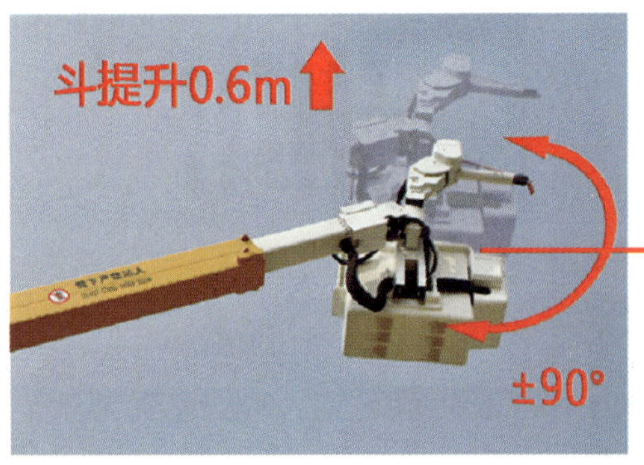

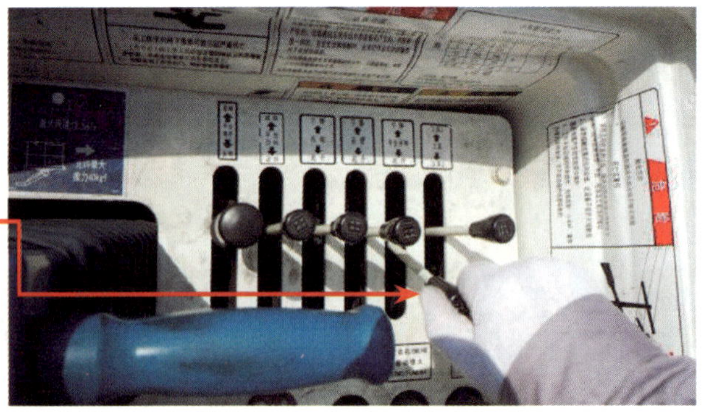

12. 手动转台回转系统检查

（1）如液压系统不工作，可手动操作转台回转系统。

（2）使用手动回转前，通过拆除回转马达上的两颗固定螺栓，取下回转马达。

（3）使用 7/8 英寸扳手或活动扳手来转动减速机上的输入轴，可以操作转台回转。

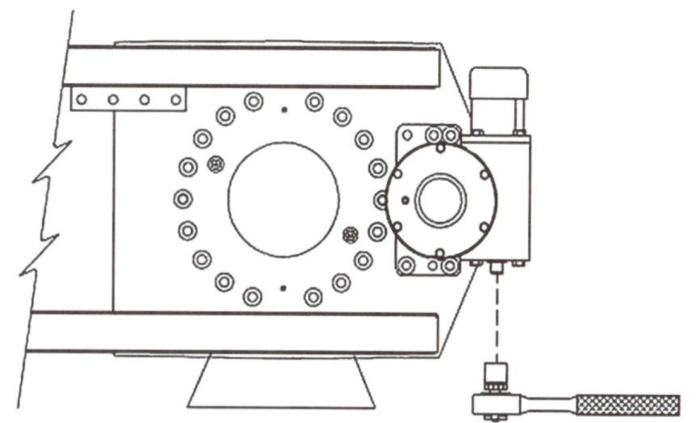

13. 检查绝缘伸缩臂滑块磨损情况

通过转台操作绝缘伸缩臂，观察绝缘伸缩臂与固定金属臂之间两侧间隙，当间隙小于3mm时需及时维修更换绝缘伸缩臂尾部耐磨滑块。

14. 绝缘外斗检查

（1）检查绝缘外斗上沿口有无开裂破损，如有需及时修复。

（2）检查绝缘外斗踏步连接处有无开裂破损，如有需及时修复。

（3）检查绝缘外斗与臂架连接处有无开裂破损，如有需及时更换。

15. 下臂滚轮及侧滑轮检查

（1）两侧滚轮明显变形、脏污，需尽快更换。

（2）两侧滚轮变形不一致，需尽快更换伸缩部后侧滑块。

（3）下滚轮脏污严重，需尽快更换。

（4）下滚轮沟槽磨损需尽快更换。

16. 检查工作斗处调平操作手柄

在转台处操作平台调平操作手柄，手柄向前扳，平台向车辆前方调平；手柄向后扳，平台向车辆后方倾倒。手柄扳动幅度越大，动作速度越快。

注意！对工作平台进行调平时，人员严禁进入工作平台内，否则可能造成人员伤亡。

17. 平台组合操作手柄检查

（1）组合操作手柄控制杆由一个多关节机构构成，用于控制四片换向阀，使操作人员能够控制臂架的全部动作：向左推动手柄，伸缩臂伸出，向右拉动手柄，伸缩臂缩回；向上抬起手柄，上臂向上变幅，向下按压手柄，上臂向下变幅；向外推动手柄，转台顺时针回转，向内拉动手柄，转台逆时针回转；顺时针旋转手柄，下臂向下变幅，逆时针旋转手柄，下臂向上变幅；手柄扳动幅度越大，动作速度越快。

（2）起动组合操作手柄时，先扣动安全扳机，然后选择动作方向，缓慢移动操作手柄直至动作开启，逐渐加大手柄幅度以增加运动速度。停止运动的方法是将手柄往回缓慢释放到中位，然后松开扳机。

（3）通过手柄的组合操作，可同时操纵两个或以上的动作。

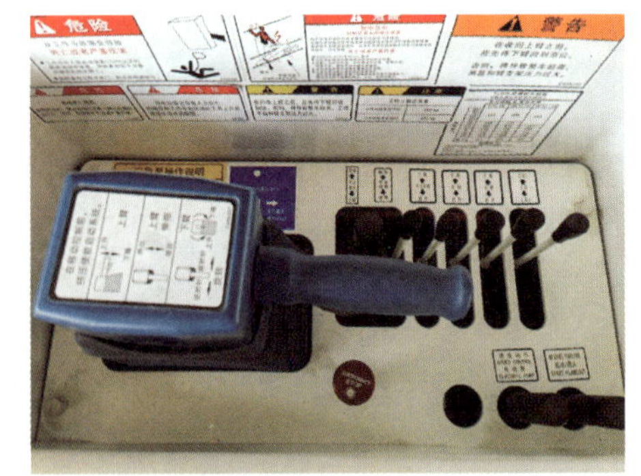

18. 发动机起动/熄火气缸手柄性能检查

当发动机在运行状态时，快速完全按下该气缸手柄，发动机熄火；再次按下该气缸手柄，起动发动机。

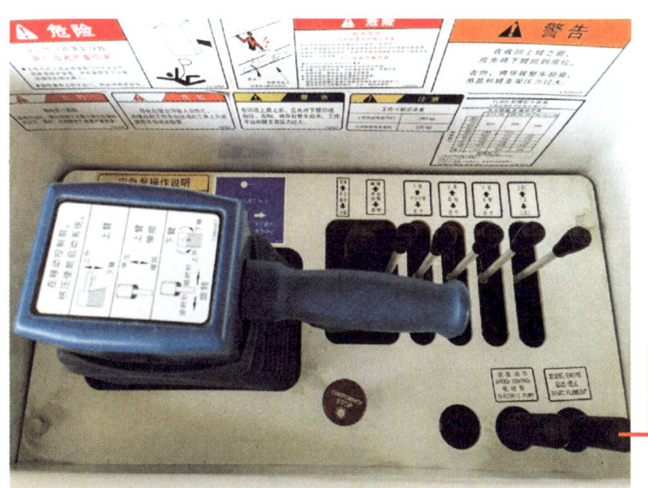

发动机起动/熄火气缸手柄

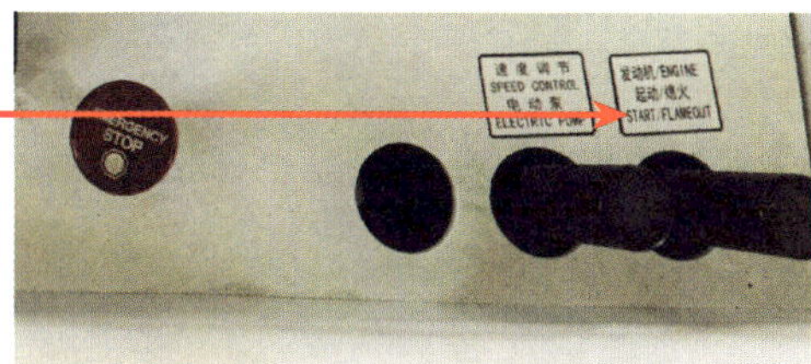

19. 发动机速度调节/应急电动泵气缸手柄性能检查

（1）当发动机处于运转状态时，按下该气缸手柄，发动机转速由怠速状态自动升到高速状态，以加快动作速度；再次按下该气缸手柄，发动机转速自动回到怠速。

（2）当发动机处于熄火状态时，或发动机故障无法运转时，按下该气缸手柄，起动应急电动泵，进行应急落臂作业，应急电动泵工作30s后自动停止工作。

速度调节/应急电动泵气缸手柄

（四）安全保护确认

1. 绝缘测试性能确认

（1）检查确认绝缘斗臂车定期检验标识在有效期内。

（2）超过电气性能检测有效期禁止使用，待试验合格后方可投入使用。

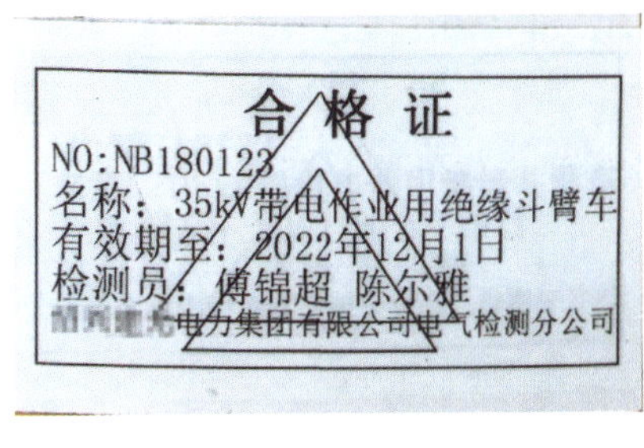

合格证

NO:NB180123

名称：35kV带电作业用绝缘斗臂车

有效期至：2022年12月1日

检测员：傅锦超 陈尔雅

电力集团有限公司电气检测分公司

2. 确认各操作、警告标示完好

（1）绕车一周，目测检查确认平台、转台、下车、车体等位置的警告标示清晰完好。

（2）目测确认各操作位置的操作标示清晰完好，发现缺失、破损将会影响正确使用时及时更换。

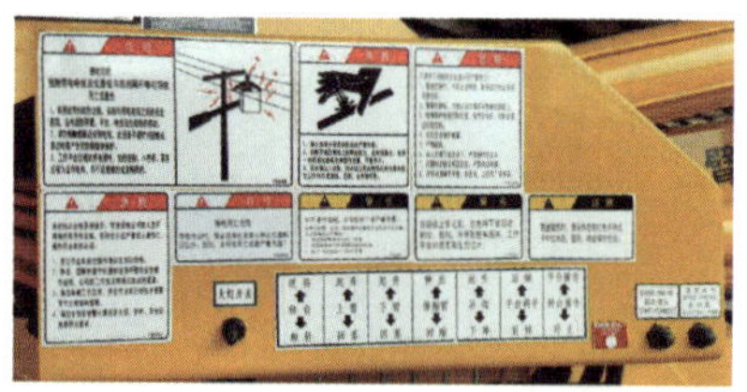

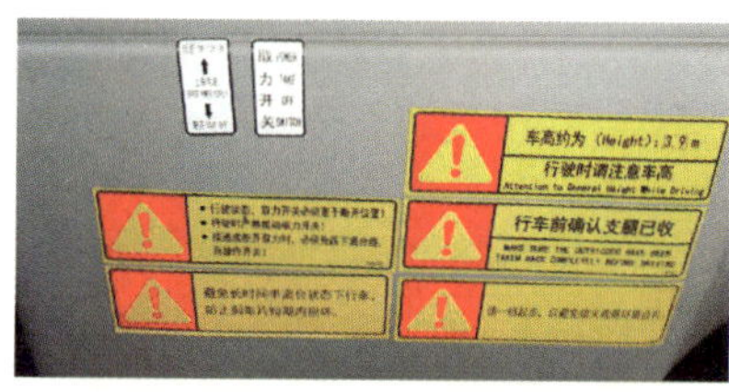

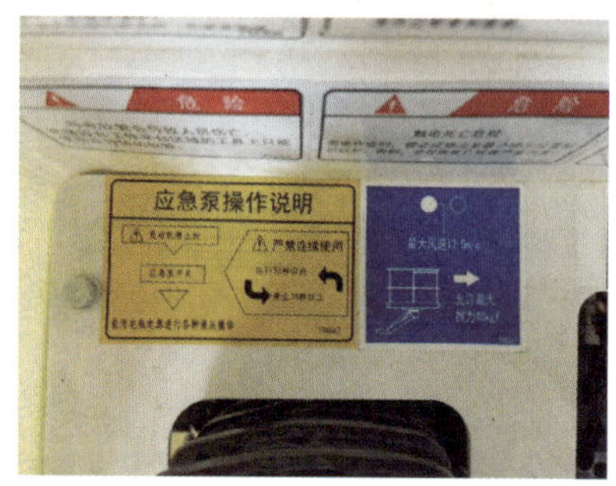

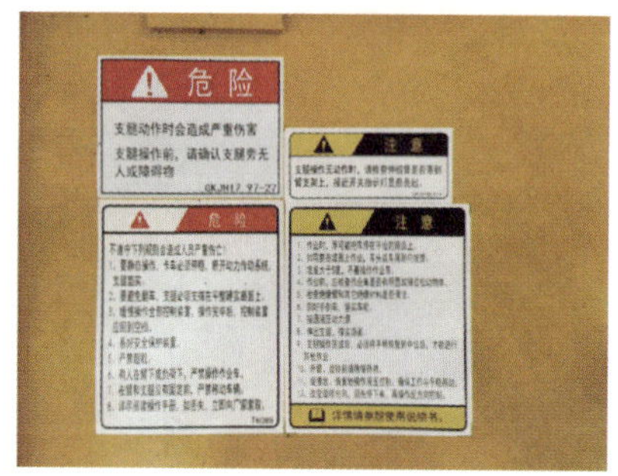

3. 接地线确认

（1）检查接地线是否有破损、损坏，夹头、接地棒是否有齐全。

（2）检查接地线透明护套是否破损，接地线连接是否牢固，接地棒埋深是否符合要求等，不符合则采取相应措施。

4. 主辅绝缘清洁确认

（1）确认主辅绝缘表面状况：绝缘斗、绝缘臂应清洁、无裂纹损伤。

（2）玻璃钢臂的外表面用干燥、柔软、不起毛的布擦拭。

（3）作业臂脏污时，用柔软、不起毛的布蘸取适量中性表面清洁剂进行擦拭。

5. 绝缘内斗检查

内斗有明显（超过1mm以上）过深划痕或划痕内已漏出红色底色，表明绝缘内斗已损伤，为避免绝缘内斗因未到预防性试验周期而造成安全隐患，需单独对绝缘内斗进行预防性试验或更换合格绝缘内斗。

6. 整车急停按钮确认

（1）确认整车急停按钮是否工作正常。

（2）当出现危险情况时，按下该“红色”紧急停止按钮，停止整车所有操作。

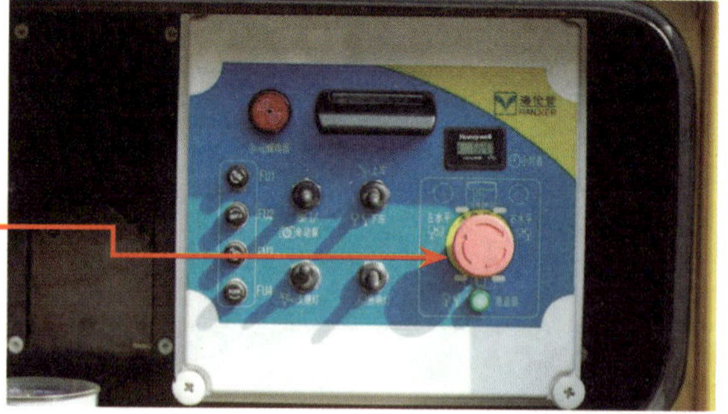

7. 平台紧急停止操作阀确认

当控制阀出现卡阀故障或发生其他危险时，立即按下该操作阀，中断所有平台控制动作，液压动力接口释放压力。拉出紧急停止操作阀后，平台所有控制动作和液压动力接口恢复正常。

平台紧急停止操作阀

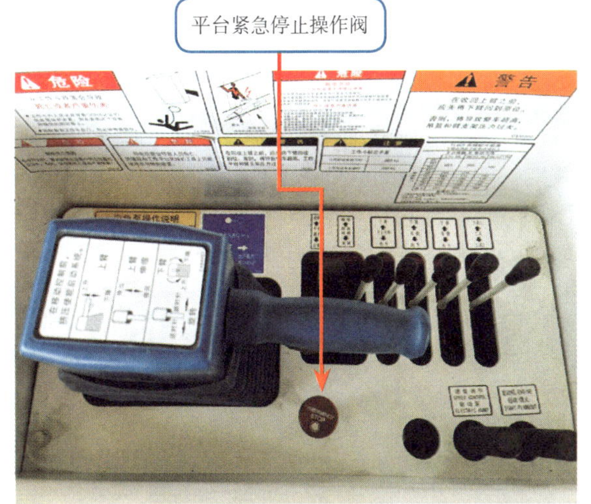

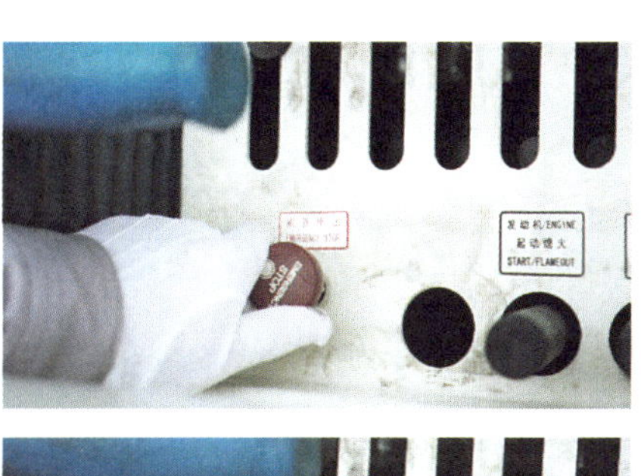

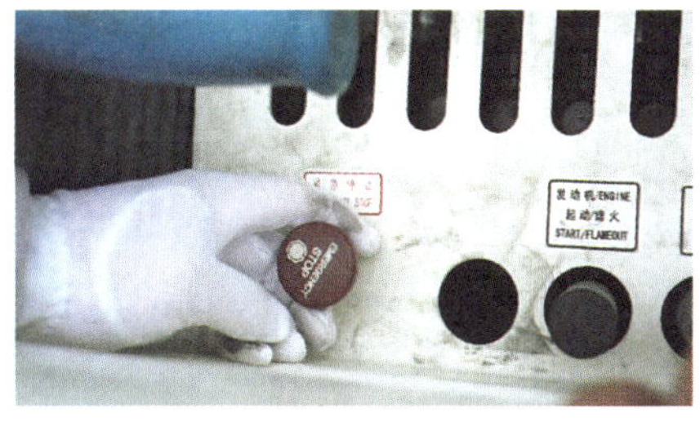

8. 确认上/下车互锁可靠性

（1）上臂落到位后臂支架接近开关指示灯会点亮，下车可以操作。

（2）支腿伸到位后垂直到位指示灯会点亮，上车可以操作。

（3）正常工作状态时，上/下车互锁阀应急旋钮必须是旋出状态。

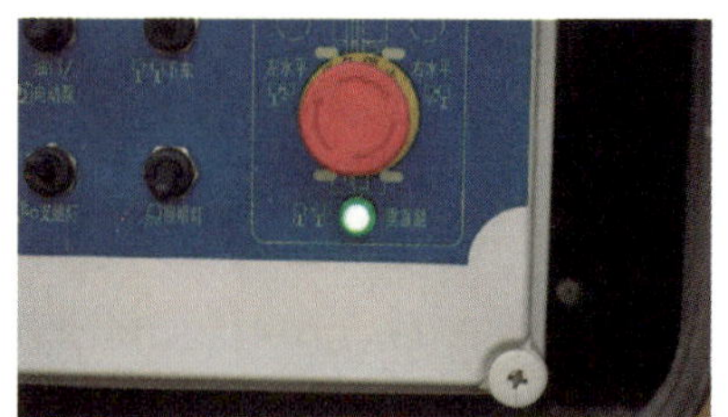

9. 垂直支腿到位指示灯检查

（1）伸垂直支腿时注意观察水平仪，应使水平仪的气泡位于居中位置；当全部的垂直支腿伸至可靠接地时，指示灯会亮绿灯，任何一条支腿未可靠接地时，指示灯会熄灭。

（2）轮胎必须离开地面一定距离（20～50mm）。

全部垂直支腿可靠接地状态

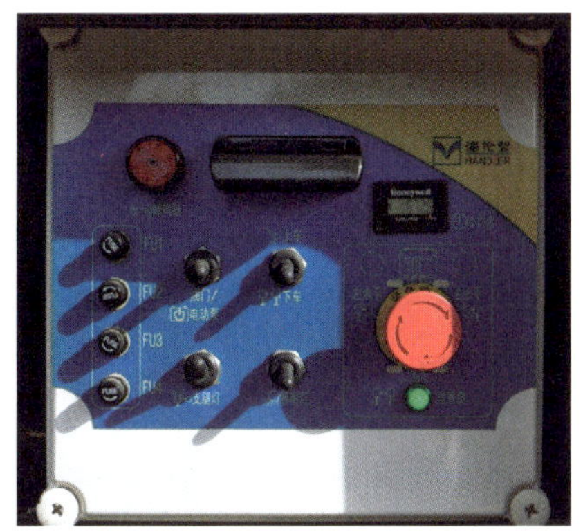

任一垂直支腿未可靠接地状态

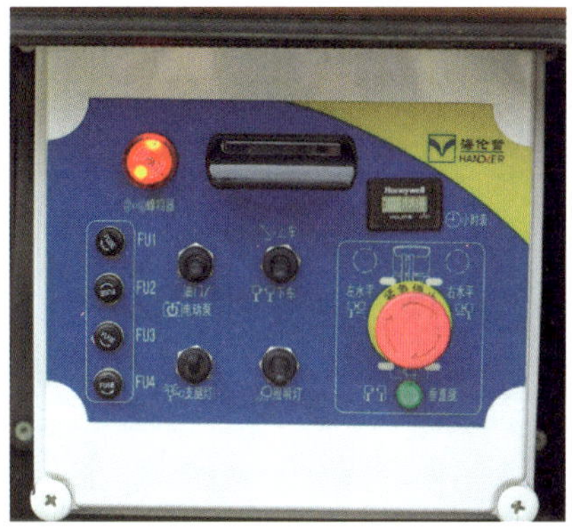

10. 水平仪检查

检查确认下车控制箱内整车水平仪外观清洁完整，水平仪无漏液现象。

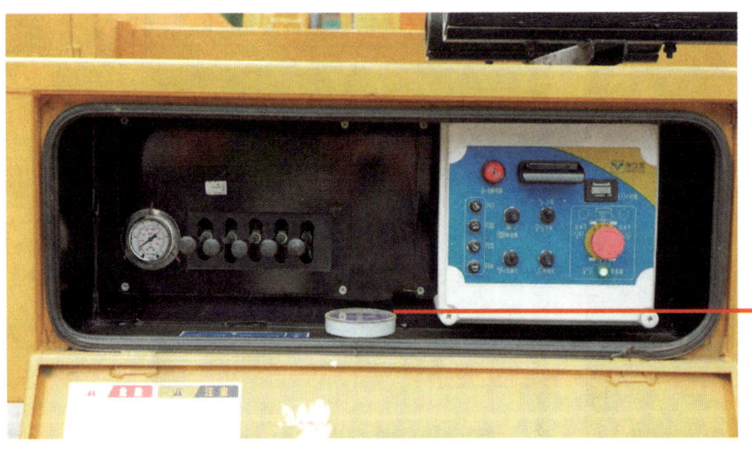

11. 小吊绳缠绕规整检查

（1）检查小吊绳缠绕规整，确保小吊绳缠绕均衡，避免堵塞卷扬减速机或产生冲击载荷。

（2）避免小吊绳抖动而造成结构损坏、绝缘斗臂车不稳定，导致人员严重伤亡。

Part 2

应急操作篇

一 出车前检查项目

（一）应急泵应急操作

1. 应急泵的使用条件

（1）作业人员在高空作业过程中，由于发动机燃油耗尽等动力源故障、取力器气压不足、离合器、齿轮泵等故障原因无法进行正常操作时，为了把带电作业人员安全下降到地面时才能使用应急泵。

（2）应急泵借助底盘的电瓶提供动力源。

（3）应急泵属于GB/T 9465《高空作业车》明确的标准配置，同时依据带电作业工作的特殊性均应标准配置急泵。

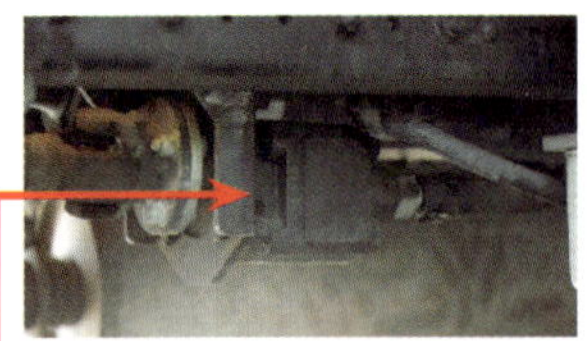

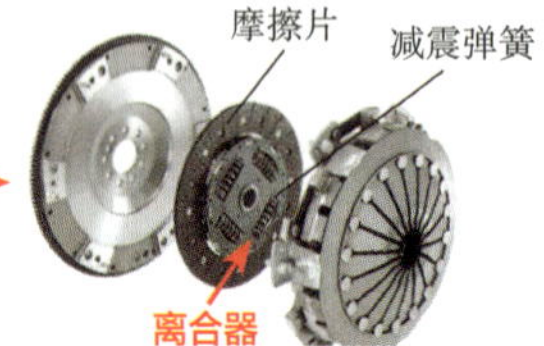

2. 应急泵使用方法

（1）将应急泵开关置于“开”的时间内，应急泵动作，然后才能进行各动作手柄的使用。

（2）作业人员在高空作业过程中，由于发动机燃油耗尽等动力源故障、取力器气压不足、离合器、齿轮泵等故障原因无法进行正常操作时，为了把带电作业人员安全下降到地面时才能使用应急泵，其他工况禁止使用。

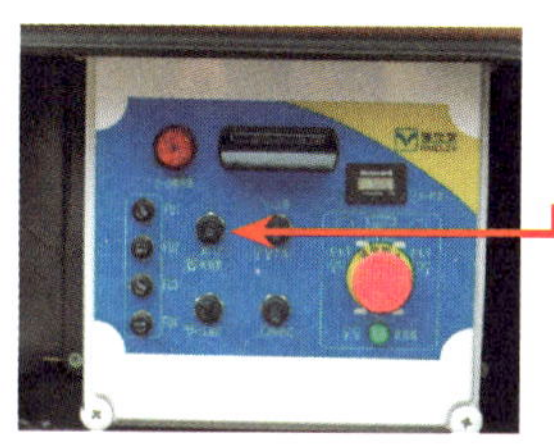

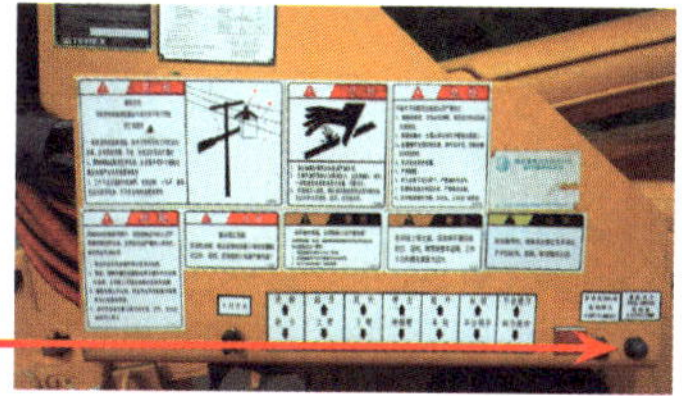

3. 应急泵使用注意事项

（1）每次动作应在30s以内，下次动作要间隔30s以后再进行。

（2）不要在常规作业（含有大负荷作用状态）中使用或不按照以下周期规定使用应急电动泵，否则会引起应急泵的损伤或马达烧伤。

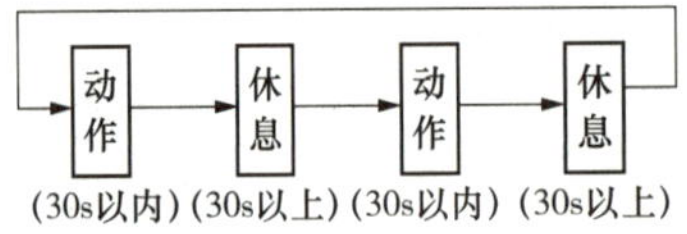

（二）软腿保护应急操作

1. 软腿保护应急操作条件

（1）绝缘斗臂车使用过程中突然无动作，首先检查下车控制箱支腿到位指示灯熄灭，同时警示蜂鸣器报警，表明至少有一条支腿已经不受力，软腿保护已自动开启。

（2）为避免发生安全隐患，必须尽快将车辆收回原位，重新支腿。

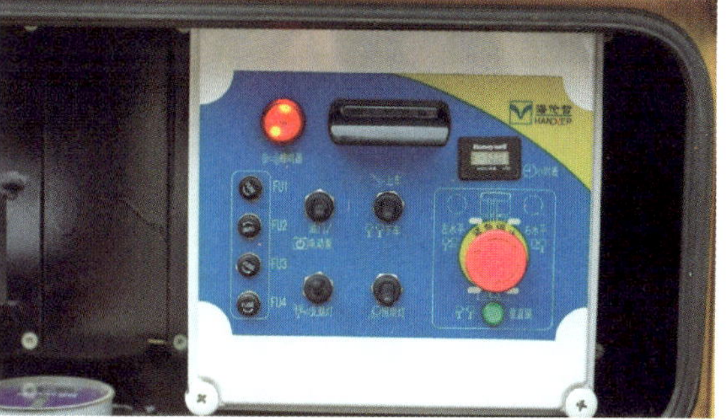

2. 软腿保护应急操作步骤

（1）确认至少有一条支腿已经不受力，软腿保护已自动开启。

（2）打开车箱门，按指示图标，将上下车切换阀上车阀芯顺时针旋紧，手动解除安全保护。

（3）此时上装可进行应急收回操作。

（4）应急时优先操作如下动作：伸缩臂回缩，下臂落。伸缩臂回缩或下臂下落到一定位置，软腿报警声解除，此时应及时解除手动强制操作。

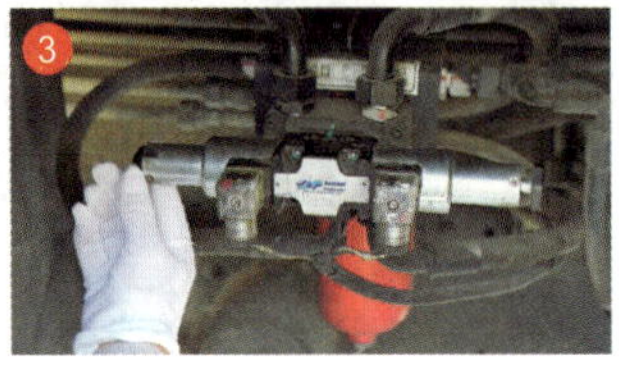

3. 软腿保护应急操作注意事项

（1）软腿保护应急操作仅用于支腿不受力时，将车辆收回原位的操作，不可继续作业。

（2）手动应急操作中，也有可能往危险侧（翻倒侧）动作，所以操作时注意不要超出作业范围。

（3）车辆收回原位后，及时将上下车切换阀上车阀芯逆时针旋出，重新支腿。

（4）当地面松软时，需要增大垫木接触面积。

（三）解除上下车互锁保护应急操作

1. 解除上下车互锁保护应急条件

（1）上下车互锁功能，主要用于防止在垂直腿未完全撑实，进行上车操作，臂架未完全收到臂支架上进行支腿操作的情况。垂直腿未完全撑实，上车操作无效。臂架未完全收到臂支架上，下车操作无效。

（2）作业完毕后，支腿无法操作。

（3）车辆到达作业现场，支腿无法操作。

（4）整车无电源。

2. 解除上下车互锁保护应急操作步骤

（1）上下车互锁保护支腿时，为臂架未完全收到臂支架上，下车操作无效。目测臂架到位传感器指示灯不亮，上下车形成互锁。

（2）打开车箱门，按指示图标，将上下车切换阀下车阀芯顺时针旋紧，手动解除上下车互锁保护。

（3）车辆支腿支好后，及时将上下车切换阀下车阀芯逆时针旋出，恢复正常。

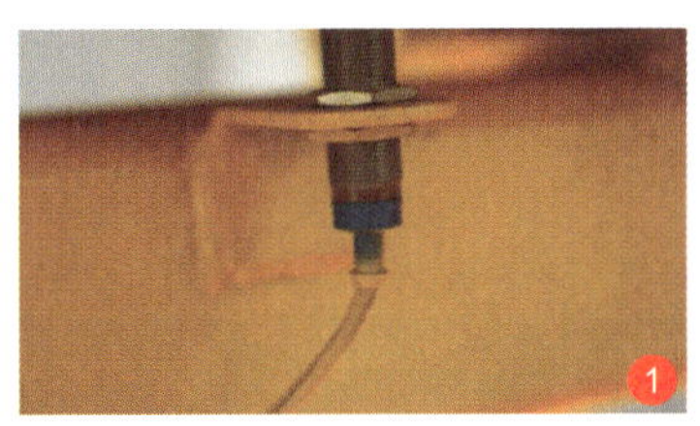

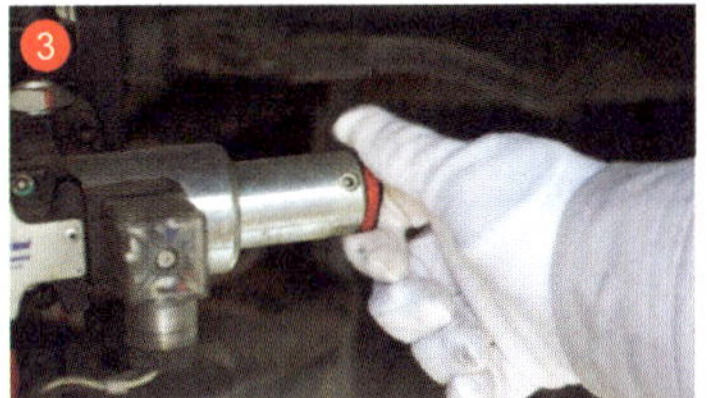

二 常见故障排除

（一）驾驶室无法起动

判断及解决办法

（1）关闭上装电源开关，再次可以起动。

（2）打开上装电源开关，再次出现熄火，为车辆尾部控制箱内整车急停按钮未复位，将整车急停按钮按箭头方向旋转即可恢复。

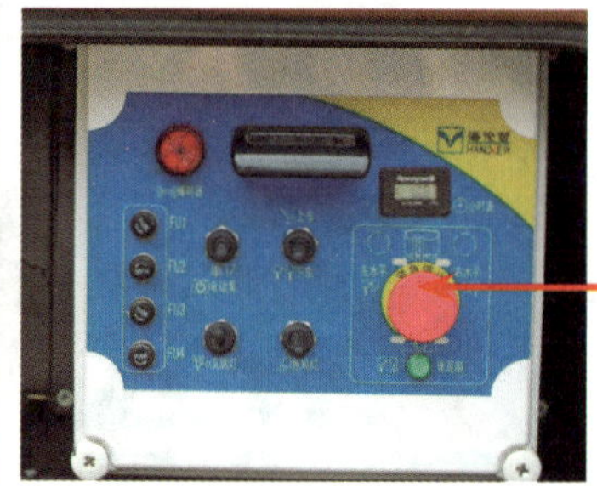

（二）整车无动作

1. 下车控制箱保险损坏

判断及解决办法

绝缘斗臂车使用过程中突然无动作，检查下车控制箱支腿到位指示灯点亮并且警示蜂鸣器未报警，检查更换下车控制箱U1保险。

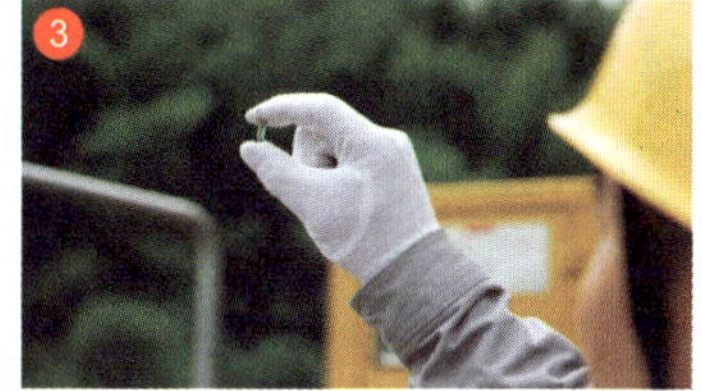

2. 动力源故障

判断及解决办法

（1）绝缘斗臂车使用过程中突然无动作，检查下车控制箱支腿到位指示灯点亮并且警示蜂鸣器未报警，下车控制箱U1保险完好。

（2）现场无法判断变速箱、取力器、主液压泵等主动力源是否损坏，或无法快速处理动力源问题。

（3）在转台、工作斗或下车控制箱按下应急电动泵操作按钮，起动应急电动泵，此时操作人员可以进行臂架回收操作及支腿回收操作。

❶

❷

❸

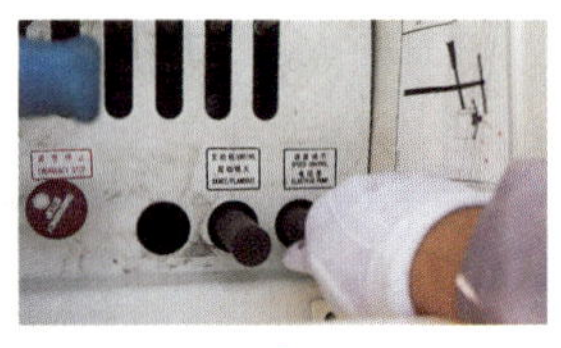

❹

（三）支腿无动作

1. 上下车互锁选择开关选择错误

判断及解决办法

在下车操作位置检查上下车互锁选择开关，拨至上车位置。

上下车转换开关
（下车位置）

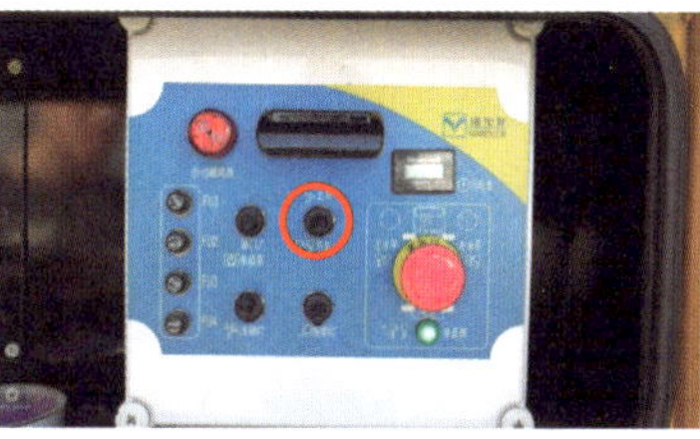

上下车转换开关
（上车位置）

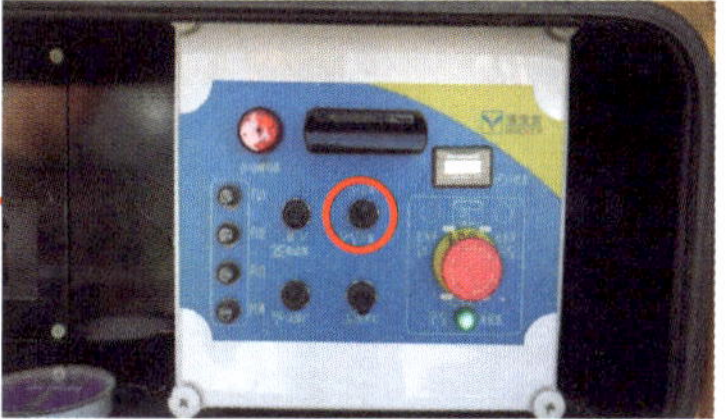

2. 上下车互锁电磁换向阀手动旋钮未复位

判断及解决办法

（1）打开车箱门，按指示图标，目测检查上下车切换阀上车阀芯处于旋紧状态。

（2）将上下车切换阀上车阀芯逆时针旋出，恢复正常。

上车阀芯旋紧状态

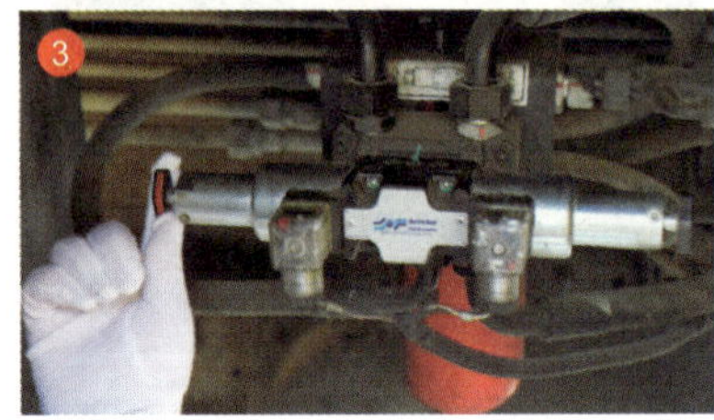

3. 上臂到位传感器未感应到信号

判断及解决办法

（1）首先确认上臂托架处接近开关到位指示灯熄灭，表明臂架未完全收到臂支架上，传感器与臂架间距离超过7mm以上。

（2）将上下车切换阀下车阀芯顺时针旋紧，处于手动工作状态。

（3）正常操作支腿，完成支腿动作后，将上下车切换阀下车阀芯逆时针旋出恢复。

（四）上车无动作

1. 上下车互锁选择开关选择错误

判断及解决办法

在下车操作位置检查上下车互锁选择开关，拨至下车位置。

上下车转换开关
（下车位置）

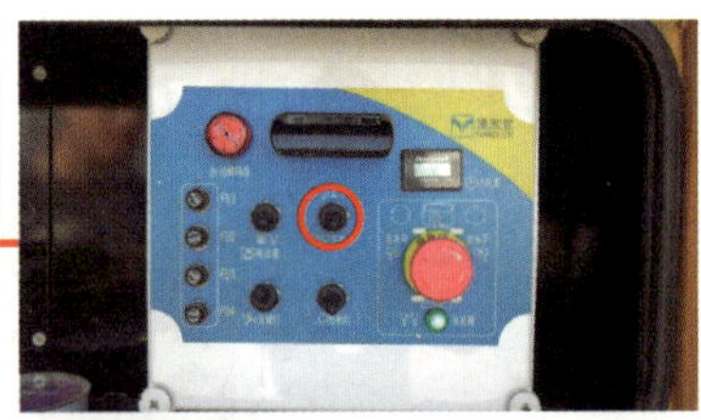

上下车转换开关
（上车位置）

2. 上下车互锁电磁换向阀手动旋钮未复位

判断及解决办法

（1）打开车箱门，按指示图标，目测检查上下车切换阀下车阀芯处于旋紧状态。

（2）将上下车切换阀下车阀芯逆时针旋出，恢复正常。

3. 支腿软腿保护开启

判断及解决办法

（1）下车控制箱蜂鸣器鸣响，警示红灯闪亮，垂直支腿指示熄灭。

（2）打开车箱门，按指示图标，将上下车切换阀上车阀芯顺时针旋紧，手动解除安全保护。

（3）此时上装可进行应急收回操作。

（4）车辆收回原位后，及时将上下车切换阀上车阀芯逆时针旋出，重新支腿。

（五）上臂下降速度变慢

判断及解决办法

（1）上臂下降速度变慢，其他动作速度正常。

（2）首先检查臂架到位接近开关上有异物，如有取下异物即可解决。

（3）如检查臂架到位接近开关上无异物，需要更换臂架到位接近开关或联系厂家处理。

（六）工作斗内操作速度变慢

判断及解决办法

（1）检查转台操作速度正常。

（2）应将工作斗处锁定按钮按下，再将锁定按钮拉起后，工作斗内操作速度便恢复正常，表明因误碰工作斗锁定按钮。

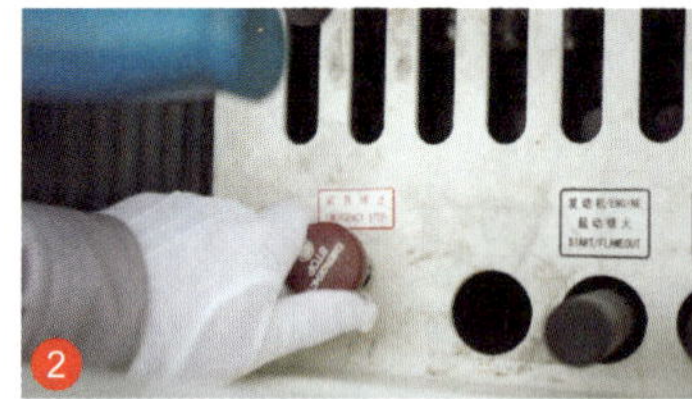

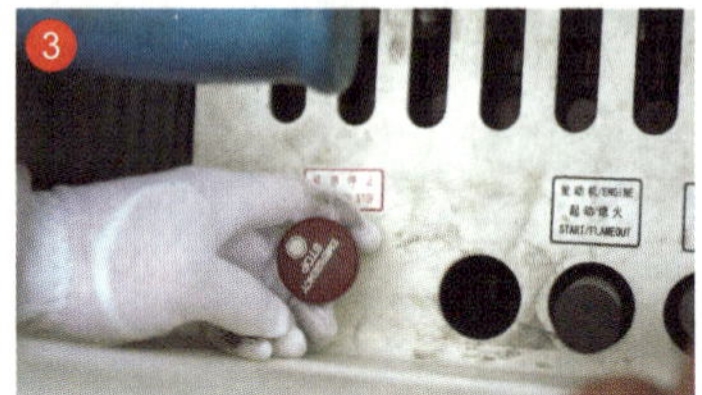

三 小吊拆装技巧

（一）小吊拆除技巧

1. 小吊拆除前准备工作

（1）小吊拆除前时，首先将小吊变幅至最高状态，关闭发动机。

（2）在绝缘斗处通过操作小吊升降、变幅手柄将油管内残余压力进行卸荷。

（3）将小吊油管快速接头拆除，注意保持快速接头清洁。

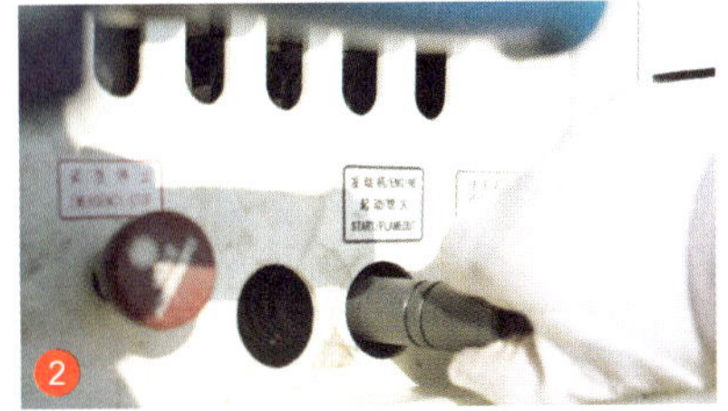

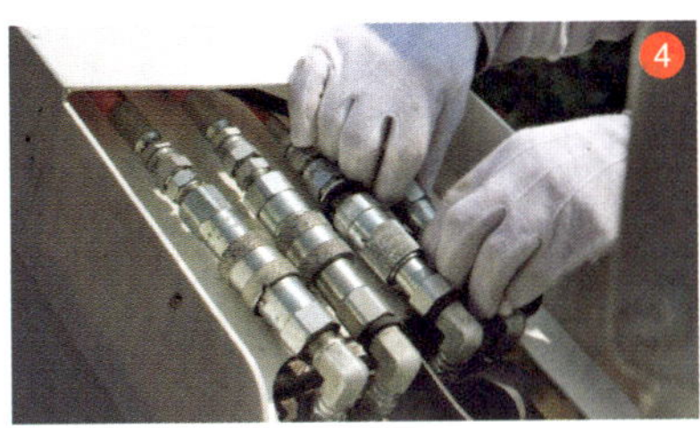

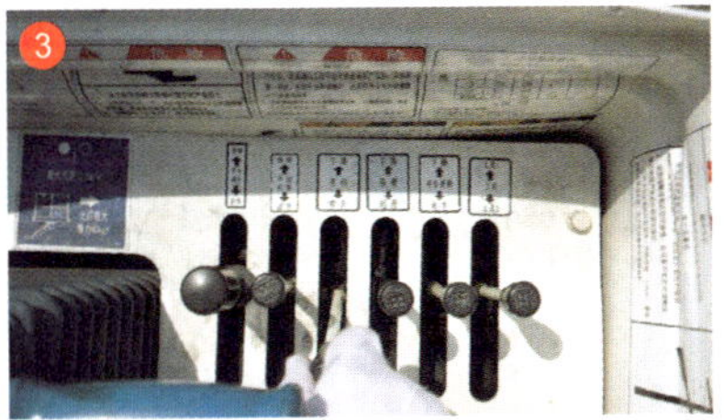

2. 小吊拆除方法

（1）通过转台操作手柄将工作斗向后倾斜，调整工作臂至1.3m处。

（2）拆除后将小吊放置于备用绝缘小吊支架处，保持小吊垂直存放。

（3）小吊安装座需用绝缘罩壳进行遮蔽。

（4）在转台处将工作平台恢复至工作状态。

3. 小吊拆除注意事项

（1）小吊油管快速接头拆除后，注意保持快速接头清洁。

（2）保持小吊垂直存放。

（3）小吊拆装后安装座需用绝缘罩壳进行遮蔽。

1

2

4

3

（二）小吊安装技巧

小吊安装步骤1

（1）通过转台操作手柄将工作斗向后倾斜，调整工作臂至1.3m处。

（2）拆除安装座绝缘罩壳。

（3）将小吊平稳安装至安装座。

（4）小吊与安装座通过回转销可靠连接。

小吊安装步骤2

（1）通过转台操作将工作斗操作至水平状态。

（2）在转台处将平台/转台切换至平台。

（3）关闭发动机。

（4）在绝缘斗处通过操作小吊升降、变幅手柄将油管内残余压力进行卸荷。

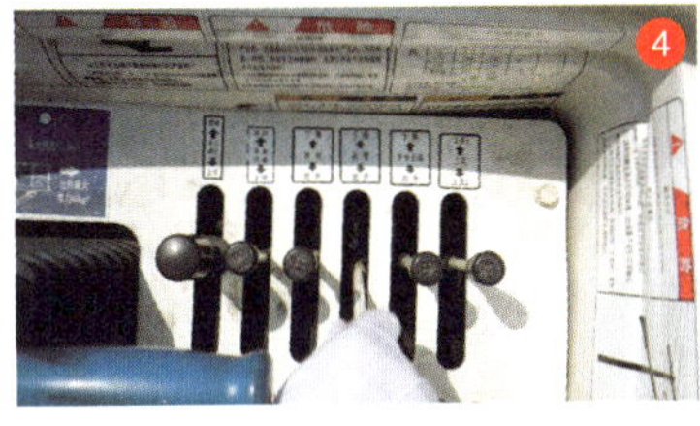

小吊安装步骤3

（1）清洁小吊油管快速接头。

（2）将小吊连接油管通过快速接头可靠连接。

（3）在平台处起动发动机。

（4）将小吊臂变幅调整至正常行车状态。

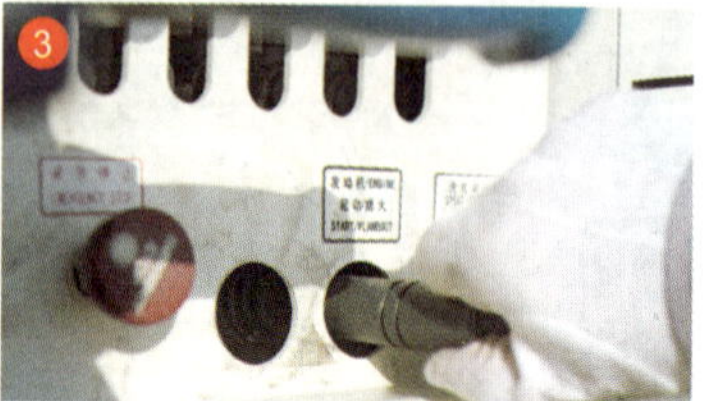

安全防护篇

一 行车安全

（一）驾驶证准驾

车型分类原则

轻型载货汽车——车长小于6m，总质量小于4500kg。

中型载货汽车——车长大于等于6m，总质量大于等于4500kg且小12000kg。

重型载货汽车——车长大于等于6m，总质量大于等于12000kg。

驾驶证准驾车型及代号

准驾车型	代号	准驾车辆	准予驾驶的其他准驾车型
大型客车	A1	大型载客汽车	A3、B1、B2、C1、C2、C3、C4
牵引车	A2	重型、中型全挂、半挂汽车列车	B1、B2、C1、C2、C3、C4
城市公交车	A3	核载10人以上的城市公共汽车	C1、C2、C3、C4
中型客车	B1	中型载客汽车（含核载10人以上、19人以下的城市公共汽车）	C1、C2、C3、C4
大型货车	B2	重型、中型载货汽车；大、重、中型专项作业车	C1、C2、C3、C4
小型汽车	C1	小型、微型载客汽车以及轻型、微型载货汽车；轻、小、微型专项作业车	C2、C3、C4

（二）按交通法规行驶

（三）按道路限重标示牌行驶

在松软路面、木桥、有重量限制的道路上行驶时，参照限载警告牌所示重量，确认能否通行之后再行驶。

（四）按道路限高标示牌行驶

驾驶车辆时，要特别注意车辆行驶高度是否超过行驶桥梁、涵洞的限制高度。

（五）转弯速度不超30km/h

（1）因为绝缘斗臂车辆为架高作业装置，所以车辆重心较高，因此转弯时速严禁超过30km/h，且避免急打方向盘，否则容易导致翻车事故。

（2）尤其在冬季，车辆轮胎的稳定性下降，更要格外注意。

控制车速

（六）车辆倒车专人指挥

绝缘斗臂车辆后方视线不佳，且有些车型有“后伸”，因此，即使配备了倒车影像等设备，倒车时也应听从专人指挥进行。

（七）行驶时臂架落实绑带固定

行驶时，特别在路况极差的条件下，必须检查工作臂可靠落在臂支架上，工作平台可靠支撑在支架上，工作臂架用捆扎带绑紧。

（八）在车辆行驶时，严禁工作斗内载人行驶

在车辆行驶时，工作斗内绝对禁止人员存留，也不得放置任何没有固定牢固的物品。

（九）行驶时严禁拨动取力器开关

（1）行驶状态，取力器开关必须置于断开位置！

（2）行驶时严禁拨动取力器开关！

（3）接通或断开取力器时，必须先踏下离合器，再操作开关！

行驶时严禁拨动取力器开关！

（十）行驶时避免离合器损坏

（1）一挡起步，以避免熄火或烧坏离合器片。

（2）避免长时间半离合状态下行车，防止离合器片短时间内损坏。

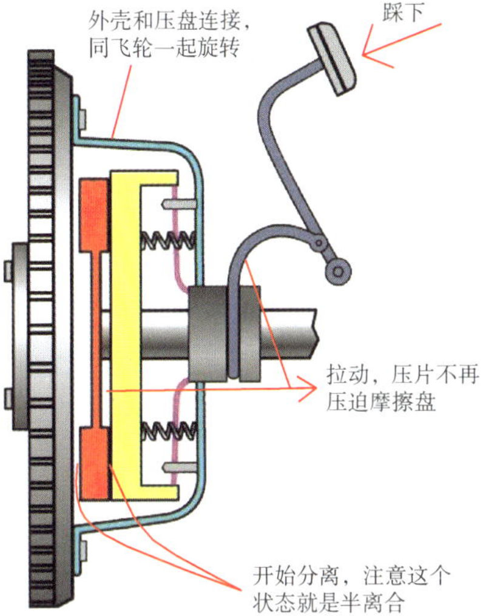

外壳和压盘连接，同飞轮一起旋转

踩下

拉动，压片不再压迫摩擦盘

开始分离，注意这个状态就是半离合

严重时离合器压盘损坏

二 规范操作

（一）车辆停放位置

车辆停放位置方向避免坠物损伤驾驶室，施工位置尽可能避免在驾驶室方向。

（二）作业时操作人员注意力集中

操作人员进行操作时，应精力集中，随时注意观察工作情况和周围环境，及时处理各种状况。

（三）作业时严禁不系安全带

操作人员进行操作前，把安全带拴结到绝缘斗固定栓上，防止作业时人体重心偏移引起高空坠落。严禁操作人员不系安全带进行作业。

（四）严禁在绝缘斗内垫高或身体探出

操作时，禁止采用凳子或梯子等垫高方式工作，不得攀登绝缘斗沿工作，工作时不得将身体重心探出绝缘斗以外，不能从升空的绝缘斗内爬到电杆上去。

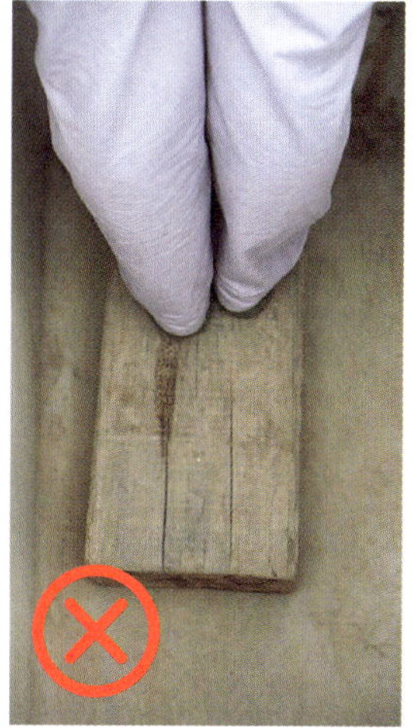

（五）作业时严禁绝缘斗超载

作业人员和工器具的总重量应不大于绝缘斗的额定载荷，防止绝缘斗臂车工作斗超载。

（六）作业时绝缘斗内工器具分区存放

（1）绝缘斗内小件工器具宜放在专用的工具袋（箱）内。

（2）绝缘工器具不得放在绝缘斗底面上，防止人员踩踏。

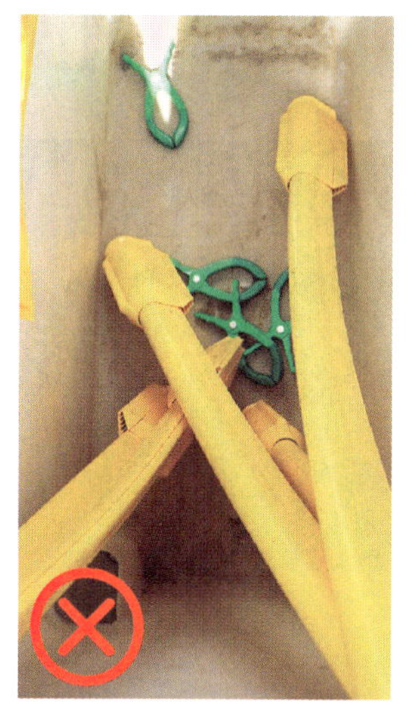

（七）作业时固定绝缘斗内工器具

作业人员应将斗内工器具加以固定，防止引起高空落物。

（八）臂下严禁站人，人员通过需快进快出

作业时，在工作臂及绝缘斗的回转范围内严禁有人员停留，人员必须快速通过，且应时刻注意有无物体落下。

（九）作业时手柄操作缓慢平稳

操作时，应注意观察周围情况，绝缘斗的起升、下降速度不应大于 0.5m/s，斗臂车回转时，作业斗外缘的线速度不应大于 0.5m/s，防止绝缘斗及人员与周围物体发生碰撞。

（十）带电作业时必须可靠接地

（1）绝缘斗臂车的车体应使用截面积不小于16mm^2的软铜线接地。

（2）临时接地体埋深应不少于0.6m。

（3）进行带电作业区域及带电作业邻近区域作业时，必须将车辆的接地线可靠接地。

（十一）作业时确保绝缘臂有效绝缘长度

作业时绝缘臂的有效绝缘长度应不小于1m。

（十二）绝缘斗臂车金属关节与带电导线的安全距离

绝缘斗臂车的金属部分在仰起、回转运动中，与带电体间的安全距离不得小于 0.9m。

（十三）斗内作业人员规范穿戴个人绝缘防护用具

斗内作业人员应按要求穿戴个人绝缘防护用具，禁止在带电作业过程中摘下绝缘防护用具。

（十四）地面人员不得随意触碰车体

（1）作业中，车辆金属部分接触到带电体时，如保护接地不良，人一旦接触车辆就有可能发生触电事故。

（2）若车辆金属部分接触到带电体，请务必对车辆进行检查。

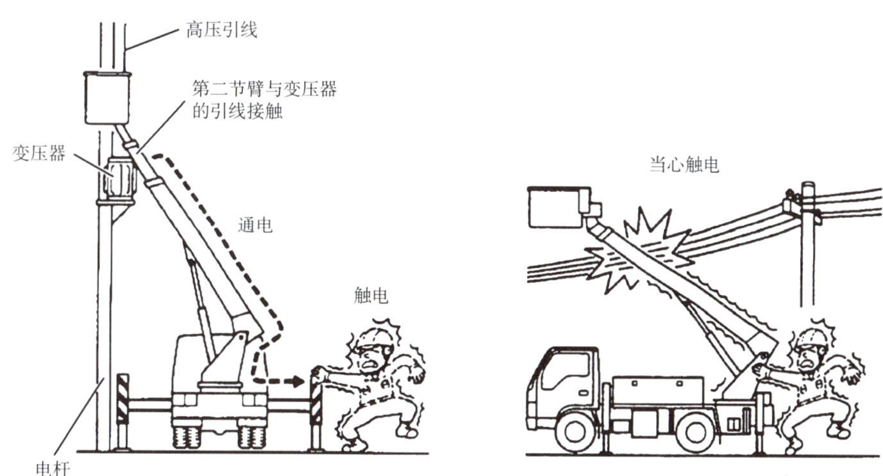

（十五）避免使用小吊绳缠绕物体进行起吊作业

（1）使用小吊绳直接缠绕物体起吊，大钩可能会损坏绳子。

（2）如与横担等的棱角发生摩擦会使小吊绳断裂，设备掉落。禁止与任何有可能损伤小吊绳的物件发生摩擦，正确使用小吊绳。用小吊起吊货物时，必须使用挂钩绳，不要直接用小吊绳系货物。

（十六）操作前检查吊杆总成

检查吊杆总成，确保锁销固定完好。

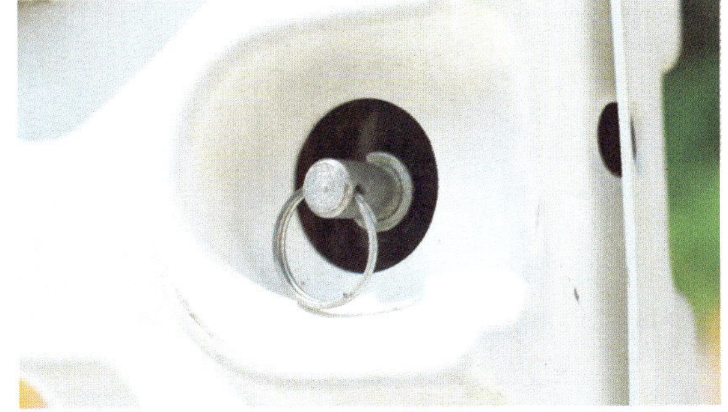

（十七）确保小吊绳均匀缠绕

确保绞车小吊绳均匀缠绕，避免阻塞绞车或产生冲击载荷。

（十八）规范使用小吊

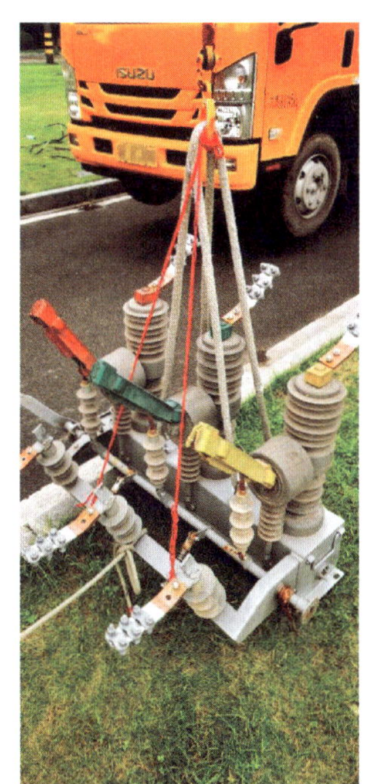

（1）绝缘斗臂车小吊应垂直起吊，并满足荷载要求。

（2）起吊离地约0.5m时，检查设备情况，并确认吊钩、挂钩套及设备之间连接牢固可靠。

（3）小吊臂操作不得与大臂同步进行。

（十九）操作人员通过阶梯上下车

操作人员上下走台板应通过阶梯，不得翻越围栏。

（二十）绝缘斗在起始位置或地面位置时进出

操作人员应在绝缘斗处于起始位置或地面位置时进出绝缘斗。当绝缘斗不在起始位置或地面位置时，不允许进出绝缘斗。

（二十一）严禁无内斗进行带电作业

如工作斗内没有内衬，玻璃钢工作斗就没有绝缘性能，此时不得进行带电作业。

（二十二）操作时至少两人配合作业

在进行作业时，除工作斗上的操作者外，车辆旁边还必须有一名监护操作员，随时准备进行应急处理工作。

（二十三）支腿操作注意事项

（1）操作时先伸出水平支腿后，再放下垂直支腿。

（2）严禁在没有收回垂直支腿的情况下，进行水平支腿收回操作。

（3）工作臂离开起始位置后，严禁调整支腿。

注意！支腿操作完成，所有操作手柄必须恢复到中位后，才能进行其他操作。

（二十四）油温超过70℃时应停机休息

（1）工作油温升到70℃以上的异常高温时，各装置功能将下降或导致损伤，应停机休息，降温后再进行作业。

（2）油温以安装在工作油箱上的油温油位计指示刻度为准。

（二十五）臂架脱离后才可以进行回转动作

只有当工作臂完全脱离臂支架后才能进行回转，应时刻注意工作平台、工作臂与周围物体的距离，防止发生碰撞。

（二十六）上臂和下臂应交替回收

当回收工作臂时，上臂和下臂应交替变幅回收。降低工作平台高度后，先将下臂落到位，再将上臂落到位。

（二十七）避免极限工作状态下工作

为延长绝缘斗臂车寿命，应避免绝缘斗臂车在各种极限工作状态工作。这些极限状态主要包括工作平台满载时在最大作业幅度或最大作业高度状态下工作。

三 事故案例

1. 绝缘斗内违规使用明火及易燃物引起火灾事故

使用煤油喷灯拆除变压器时，引燃斗内煤油壶等易燃物，造成重大经济损失。

2. 绝缘臂的有效绝缘长度小于1m引起人身触电事故

不符合《10kV带电作业用绝缘斗臂车》（GB/T 37556—2019）中下列条款：

5.5　绝缘装置：

5.5.14　绝缘臂应有有效绝缘长度标识，有效绝缘长度不少于1m。

3. 未能遵守交通法规，安全教育培训不到位，引起车辆交通事故

驾驶时未关注桥梁、涵洞限高3.3m的警示标识，低于车辆行驶高度。

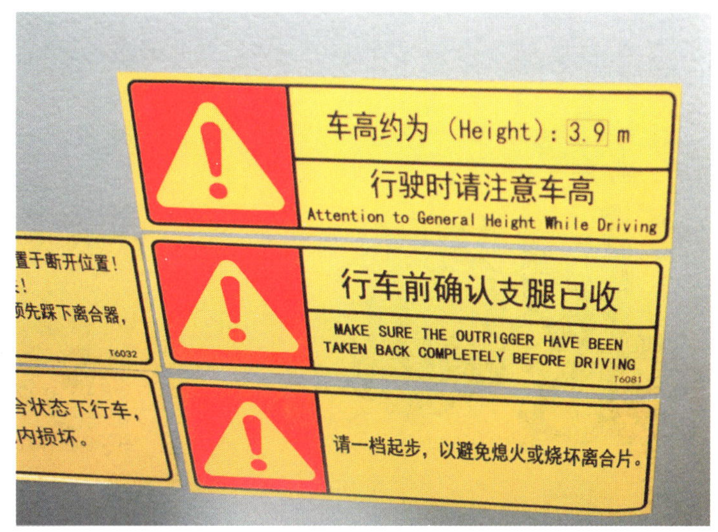

4. 相间安全距离不足，并未能进行有效遮蔽，引起人身触电事故

（1）作业时人体应与邻近的地电位物体保持0.4m以上、与邻相保持0.6m以上的安全距离。

（2）相间作业时，绝缘遮蔽隔离措施应严密、牢固。